对接世界技能大赛技术标准创新系列教材
技工院校一体化课程教学改革数控加工专业教材

简单零件钳加工教师用书

人力资源社会保障部教材办公室　组织编写

中国劳动社会保障出版社

内容简介

本套教材为对接世赛标准深化一体化专业课程改革数控加工专业教材，对接世赛数控车、数控铣项目，学习目标融入世赛要求，学习内容对接世赛技能标准，考核评价方法参照世赛评分方案，并设置了世赛知识栏目。

本书为《简单零件钳加工》的配套教师用书，在《简单零件钳加工》的基础上增加了引导问题的参考答案（教学建议），并给出了学习任务设计方案和教学活动策划表，内容丰富、实用，有助于教师更好地开展一体化教学。

图书在版编目（CIP）数据

简单零件钳加工教师用书/人力资源社会保障部教材办公室组织编写 .-- 北京：中国劳动社会保障出版社，2021

对接世界技能大赛技术标准创新系列教材　技工院校一体化课程教学改革数控加工专业教材

ISBN 978-7-5167-5097-1

Ⅰ.①简… Ⅱ.①人… Ⅲ.①钳工 - 技工学校 - 教学参考资料 Ⅳ.①TG9

中国版本图书馆 CIP 数据核字（2021）第 210619 号

中国劳动社会保障出版社出版发行
（北京市惠新东街 1 号　邮政编码：100029）

*

北京市艺辉印刷有限公司印刷装订　新华书店经销

880 毫米 ×1230 毫米　16 开本　9.25 印张　215 千字

2021 年 12 月第 1 版　　2021 年 12 月第 1 次印刷

定价：26.00 元

读者服务部电话：（010）64929211/84209101/64921644

营销中心电话：（010）64962347

出版社网址：http://www.class.com.cn

http://jg.class.com.cn

对接世界技能大赛技术标准创新系列教材

编审委员会

主　任：刘　康

副主任：张　斌　王晓君　刘新昌　冯　政

委　员：王　飞　翟　涛　杨　奕　张　伟　赵庆鹏

　　　　姜华平　杜庚星　王鸿飞

数控加工专业课程改革工作小组

课 改 校：江苏省常州技师学院　广东省机械技师学院

　　　　　宁波技师学院　开封技师学院　襄阳技师学院

　　　　　江苏省盐城技师学院　东莞技师学院　江门技师学院

　　　　　西安技师学院　杭州技师学院　临沂技师学院

技术指导：宋放之

编　　辑：闫宪新

本书编审人员

主　　编：崔兆华　孙　俊

参　　编：王　蕾　史永利　赵　钱　孙喜兵　张　斌

　　　　　王　华　徐淑琛　刘　帆

主　　审：鲁统生

序

　　世界技能大赛由世界技能组织每两年举办一届，是迄今全球地位最高、规模最大、影响力最广的职业技能竞赛，被誉为"世界技能奥林匹克"。我国于2010年加入世界技能组织，先后参加了五届世界技能大赛，累计取得36金、29银、20铜和58个优胜奖的优异成绩。第46届世界技能大赛将在我国上海举办。2019年9月，习近平总书记对我国选手在第45届世界技能大赛上取得佳绩作出重要指示，并强调，劳动者素质对一个国家、一个民族发展至关重要。技术工人队伍是支撑中国制造、中国创造的重要基础，对推动经济高质量发展具有重要作用。要健全技能人才培养、使用、评价、激励制度，大力发展技工教育，大规模开展职业技能培训，加快培养大批高素质劳动者和技术技能人才。要在全社会弘扬精益求精的工匠精神，激励广大青年走技能成才、技能报国之路。

　　为充分借鉴世界技能大赛先进理念、技术标准和评价体系，突出"高、精、尖、缺"导向，促进技工教育与世界先进标准接轨，完善我国技能人才培养模式，全面提升技能人才培养质量，人力资源社会保障部于2019年4月启动了世界技能大赛成果转化工作。根据成果转化工作方案，成立了由世界技能大赛中国集训基地、一体化课改学校，以及竞赛项目中国技术指导专家、企业专家、出版集团资深编辑组成的对接世界技能大赛技术标准深化专业课程改革工作小组，按照创新开发新专业、升级改造传统专业、深化一体化专业课程改革三种对接转化原则，以专业培养目标对接职业描述、专业课程对接世界技能标准、课程考核与评价对接评分方案等多种操作模式和路径，同时融入健康与安全、绿色与环保及可持续发展理念，开发与世界技能大赛项目对接的专业人才培养方案、教材及配套教学资源。首批对接 19 个世界技能大赛项目共 12 个专业的成果将于 2020—2021 年陆续出版，主要用于技工院校日常专业教学工作中，充分发挥世界技能大赛成果转化对技工院校技能人才的引领示范作用。在总结经验及调研的基础上选择新的对接项目，陆续启动第二批等世界技能大赛成果转化工作。

希望全国技工院校将对接世界技能大赛技术标准创新系列教材，作为深化专业课程建设、创新人才培养模式、提高人才培养质量的重要抓手，进一步推动教学改革，坚持高端引领，促进内涵发展，提升办学质量，为加快培养高水平的技能人才作出新的更大贡献！

2020年11月

《简单零件钳加工》二维码资源列表

序号	资源名称	位置		
		微课		
1	开瓶器的制作	学习任务一	学习任务描述	2 页
2	錾口手锤的制作	学习任务二	学习任务描述	56 页
3	对开夹板的制作	学习任务三	学习任务描述	94 页
		操作视频		
1	台虎钳的操作	学习任务一	学习活动 2	19 页
2	平面划线	学习任务一	学习活动 3	25 页
3	立体划线	学习任务一	学习活动 3	25 页
4	锯条的安装方法	学习任务一	学习活动 3	28 页
5	锯削的姿势及动作	学习任务一	学习活动 3	29 页
6	起锯方法	学习任务一	学习活动 3	29 页
7	板料的锯削方法	学习任务一	学习活动 3	30 页
8	麻花钻的装夹	学习任务一	学习活动 3	32 页
9	錾子的刃磨方法	学习任务一	学习活动 3	35 页
10	錾削姿势	学习任务一	学习活动 3	35 页
11	锤子的使用方法	学习任务一	学习活动 3	36 页
12	锉刀柄的装拆	学习任务一	学习活动 3	36 页
13	锉刀的握法	学习任务一	学习活动 3	37 页
14	外圆弧面的锉削	学习任务一	学习活动 3	38 页
15	内圆弧面的锉削	学习任务一	学习活动 3	38 页
16	游标卡尺的使用	学习任务一	学习活动 3	39 页
17	平面锉削方法	学习任务二	学习活动 2	68 页
18	千分尺的使用	学习任务二	学习活动 2	73 页
19	表面粗糙度比较样块的使用	学习任务二	学习活动 2	75 页
		演示动画		
1	台虎钳的结构与工作原理	学习任务一	学习活动 2	19 页
2	台式钻床的结构与工作原理	学习任务一	学习活动 3	32 页
3	游标卡尺的结构与工作原理	学习任务一	学习活动 3	39 页

目　　录

学习任务一 开瓶器的制作

 **学习目标**

1. 能在班组长等相关人员指导下，正确阅读生产任务单，读懂开瓶器零件图，明确生产任务和工作要求。

2. 能了解钳工车间和工作区的范围和限制，理解企业在环境、安全、卫生等方面的标准。

3. 能与技术人员、生产主管进行专业沟通，了解钳工常用设备、工具的名称和功能。

4. 能通过查阅钳工相关教材或观看钳工操作视频，了解钳工工作特点和主要工作任务。

5. 能识别钳工工作环境中的各种安全标志的含义，严格遵守安全操作规程，规范穿戴工装和劳动防护用品。

6. 能查阅钳加工工艺知识，确定开瓶器加工流程，编制工件加工工艺卡。

7. 能正确准备加工开瓶器所用工具、量具、刃具、夹具和辅具。

8. 能在板料上划出开瓶器加工界线。

9. 能正确使用台虎钳装夹工件。

10. 能正确使用台式钻床、手锯去除工件余料。

11. 能正确选用锉刀加工不同轮廓。

12. 能规范使用游标卡尺、圆弧样板等量具。

13. 能依据工艺卡完成零件的加工。

14. 能对台虎钳、手锯、锉刀、台式钻床进行维护保养，按现场 6S 管理的要求清理现场。

15. 能总结工作经验，优化加工策略。

16. 能在作业过程中严格执行企业操作规范、安全生产制度、环保管理制度以及 6S 管理规定，严格遵守从业人员的职业道德，具有吃苦耐劳、爱岗敬业的工作态度和职业责任感。

建议学时

40 学时。

工作情境描述

公司餐厅需要制作如图 1-1 所示开瓶器，数量为 30 件，毛坯为 130 mm×50 mm×2 mm 板料，材料为 Q235。生产技术部将该项生产任务安排给钳工组，开瓶器表面要求光洁、美观，无毛刺。观看微课，了解学习任务内容。

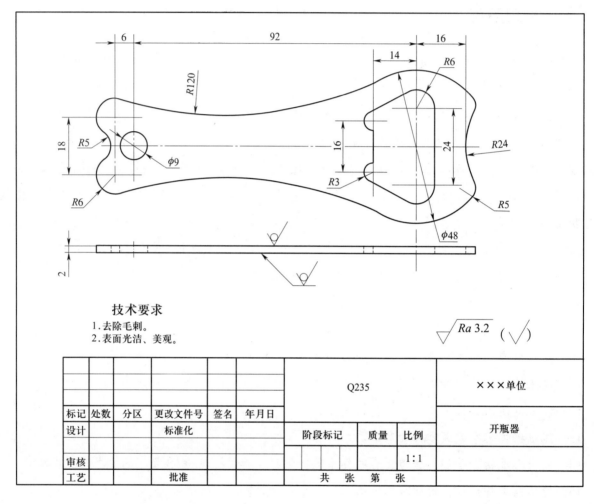

技术要求
1. 去除毛刺。
2. 表面光洁、美观。

$\sqrt{Ra\,3.2}$ （$\sqrt{}$）

						Q235			×××单位
标记	处数	分区	更改文件号	签名	年月日				开瓶器
设计			标准化			阶段标记	质量	比例	
审核								1:1	
工艺			批准			共 张 第 张			

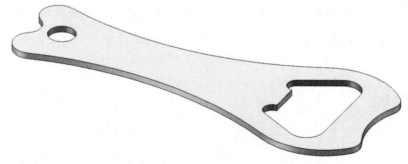

图 1-1 开瓶器

工作流程与活动

1．接受工作任务（4 学时）

2．钳加工的认知（4 学时）

3．确定加工步骤和方法（16 学时）

4．制作开瓶器并检验（12 学时）

5．工作总结与评价（4 学时）

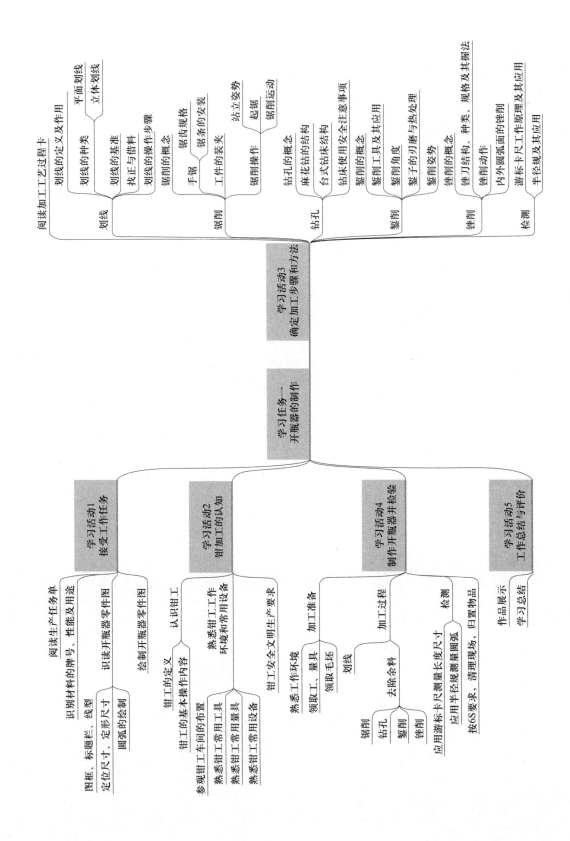

学习活动1　接受工作任务

 学习目标

> 1. 能在班组长等相关人员指导下，正确阅读生产任务单，读懂开瓶器零件图，明确生产任务和工作要求。
>
> 2. 能与班组长等相关人员进行交流，了解机械制造的主要职业（工种）。
>
> 3. 能借助技术手册，查阅开瓶器的材料牌号、制图标准和几何公差等知识，理解技术手册在生产中的重要性。
>
> 4. 能识读开瓶器零件图，描述开瓶器的形状、尺寸、表面粗糙度、公差、材料等信息，指出各信息的意义。
>
> 建议学时：4学时。

 学习过程

一、阅读生产任务单（表1-1）

表1-1　　　　　　　　　　　　　　　　开瓶器生产任务单

单　号：			开单时间：　　年　月　日　　时		
开单部门：			开　单　人：		
接单人：　　　　部　　　　组			签　名：		

以下由开单人填写

序号	产品名称	材料	数量	技术标准、质量要求
1	开瓶器	Q235	30	按图样要求
2				
3				
4				

续表

任务细则	1. 到仓库领取相应的材料 2. 根据现场情况选用合适的工、量具和设备 3. 根据加工工艺进行加工，交付检验 4. 填写生产任务单，清理工作场地，完成工、量具和设备的维护保养		
任务类型	☑钳加工	完成工时	40 h
以下由开单人填写			
领取材料		仓库管理员（签名）	
领取工、量具			年　　月　　日
完成质量 （小组评价）		班组长（签名）	
			年　　月　　日
用户意见 （教师评价）		用户（签名）	
			年　　月　　日
改进措施 （反馈改良）			

注：生产任务单与零件图样、工艺卡一起领取。

1. 在班组长等相关人员指导下，阅读生产任务单，将零件名称、制作材料、零件数量和完成时间填入表 1-2 中。

表 1-2　　　　　　　　　　　　　　生产任务

零件名称	开瓶器	制作材料	Q235
零件数量	30	完成时间	40 h

2. 按照被加工金属在加工时的状态不同，机械制造通常分为热加工和冷加工两大类。每一类加工可按从事工作的特点分为不同的职业（工种）。与班组长等相关人员进行交流，了解机械制造的主要职业（工种）有哪些，各有何特点。

（1）金属热加工

铸造工：将金属经高温熔化后注入大小和形状不同的铸型中成型，冷却后形成毛坯或零件。

锻造工：利用锻压、冲压设备，在高温下，用锤打、挤压和冲压的方式使金属成形，形成毛坯或零件。有些毛坯和零件也可在常温下加工。

焊工：利用焊接或气割设备对金属材料进行焊接或切割加工。

（2）金属冷加工

钳工：利用手动工具完成金属零部件的加工、装配和调整。

车工：利用车床加工工件的各种回转表面，如内、外圆柱面，圆锥面，成形回转表面，还可加工端面等。

铣工：利用铣床加工工件的平面或曲面，如凸轮、键槽、齿轮等。

磨工：利用磨床对工件的平面、外圆和内孔等进行精加工。

3．开瓶器由哪个生产班组进行加工？

开瓶器生产数量为30件，属于小批量生产，可安排钳加工班组进行加工。批量大时，可利用冲压工艺加工。

二、了解开瓶器所用材料的牌号、性能及用途

由表1–1生产任务单可知制作开瓶器的材料牌号为Q235。与班组长交流并查询技术手册，回答下列问题。

1．Q235是一种常见的金属材料，属于碳素结构钢，字母Q表示什么含义？数字235表示什么含义？该类金属具有哪些特性和用途？

字母Q表示碳素结构钢的屈服极限，数字235表示这种材质的屈服强度在235 MPa左右。Q235具有一定的强度，良好的塑性、韧性和焊接性，一定的冷冲压性能和良好的冷弯性能。Q235主要用于金属结构件和心部强度要求不高的渗碳或碳氮共渗零件，如拉杆、连杆、吊钩、车钩、螺栓、螺母、套筒、轴及焊接件，其中C、D级用于重要的焊接结构。

2．机械零件或工具在使用过程中往往要受到各种形式外力的作用，这就要求金属材料必须具有一种承受机械载荷而不超过许可变形或不被破坏的能力，这种能力就是材料的力学性能。在金属材料领域，常用哪些性能指标来衡量材料的力学性能呢？

衡量金属材料力学性能的指标有强度、塑性、硬度、冲击韧性和疲劳强度等。金属材料在静载荷作用下抵抗塑性变形或断裂的能力称为强度。金属材料断裂前产生永久变形的能力称为塑性。金属材料抵抗局部变形，特别是塑性变形、压痕或划痕的能力称为硬度。金属材料抵抗冲击载荷作用而不产生破坏的能力称为冲击韧性。金属材料抵抗交变载荷作用而不产生破坏的能力称为疲劳强度。

3．Q235的力学性能如何？能满足开瓶器需要的性能要求吗？

Q235碳素结构钢的屈服强度为235 MPa，抗拉强度为375～420 MPa，断面收缩率为26%。开瓶器主要用于开启啤酒瓶盖，受力相对较小，Q235能满足开瓶器需要的性能。

4．碳素结构钢的牌号是由哪几部分组成的？

根据国家标准规定，碳素结构钢牌号由以下四部分组成。

（1）前缀符号：Q（屈服强度中"屈"字的汉语拼音首字母）+屈服强度值（单位为 MPa）。

（2）（必要时）质量等级符号：A、B、C、D 级，从 A 级到 D 级质量依次提高。

（3）（必要时）脱氧方法符号：F 表示沸腾钢、Z 表示镇静钢、TZ 表示特殊镇静钢，Z 与 TZ 符号在碳素结构钢牌号组成表示方法中予以省略。

（4）（必要时）在牌号末尾加表示产品用途、特性和工艺方法的符号。如压力容器用钢用 R 表示、锅炉用钢用 G 表示、桥梁用钢用 Q 表示等。

三、分析零件图样，明确加工尺寸要求

与班组长交流并查阅机械制图教材，回答下列问题。

1.《技术制图　图纸幅面和格式》（GB/T 14689—2008）规定了 A0、A1、A2、A3、A4 五种基本幅面。查阅标准，弄清五种基本幅面的幅面尺寸和周边尺寸。根据开瓶器尺寸，应选择哪种幅面绘制开瓶器零件图？

开瓶器零件图主要绘制了主视图，开瓶器的长为 123 mm，宽为 48 mm，其他文字说明也比较少，采用 A4 图幅就能满足绘制要求。

2. 图 1-1 右下角的表格在机械制图中称为标题栏，标题栏表达了哪些内容？

标题栏用于填写零件名称、所用材料、图形比例、图号、单位名称及设计、审核、批准等相关人员的签字，其格式和尺寸按国家标准《技术制图　标题栏》（GB/T 10609.1—2008）绘制。

3. 在绘制开瓶器零件图时，采用了粗实线、细实线、细点画线等线型，它们分别用于表达什么信息？

（1）粗实线表示可见轮廓线。

（2）细实线表示尺寸线、尺寸界线、剖面线、重合断面的轮廓线、过渡线等。

（3）细点画线表示轴线和对称中心线。

4. 仔细识读开瓶器零件图，图中定位尺寸有哪些？定形尺寸有哪些？

定位尺寸有 18 mm、6 mm、92 mm、14 mm、16 mm（2 处）、24 mm。

定形尺寸有 R5 mm（3 处）、R6 mm（4 处）、R3 mm（2 处）、R24 mm、R120 mm、ϕ9 mm、ϕ48 mm。

5. 图 1-1 所示图样左侧 R5 mm 圆弧与 R6 mm 圆弧是什么关系？绘图时先绘制 R5 mm 圆弧还是 R6 mm 圆弧？

图 1-1 所示图样左侧 R5 mm 圆弧与 R6 mm 圆弧是外切关系。绘制时先根据 6 mm 和 18 mm 两个定位尺寸绘制 R6 mm 两个圆弧，再根据相切关系绘制 R5 mm 圆弧。

6．图 1-1 所示图样右侧 $R5$ mm 圆弧与 $\phi48$ mm 圆是什么关系？ $R5$ mm 圆弧与 $R24$ mm 圆弧是什么关系？如何绘制 $R5$ mm 圆弧？

图 1-1 所示图样右侧 $R5$ mm 圆弧与 $\phi48$ mm 圆是内切关系，$R5$ mm 圆弧与 $R24$ mm 圆弧是外切关系。绘制 $R5$ mm 圆弧时，首先绘制 $\phi48$ mm 圆；其次根据定位尺寸 16 mm 绘制 $R24$ mm 圆弧；最后以 $\phi48$ mm 圆的圆心为圆心绘制 $R19$ mm 圆弧，以 $R24$ mm 圆弧的圆心为圆心绘制 $R29$ mm 圆弧，两圆弧的交点即为 $R5$ mm 圆弧的圆心。

7．如何绘制图 1-1 所示图样中的 $R120$ mm 圆弧？

由于给出的板料宽度尺寸较小，$R120$ mm 圆弧的圆心在工件之外，因此需要通过借料来绘制 $R120$ mm 圆弧。绘制时，以 $R6$ mm 圆弧的圆心为圆心，以 126 mm 为半径画弧，再以 $\phi48$ mm 圆的圆心为圆心，以 144 mm 为半径画弧，两圆弧的交点即为 $R120$ mm 圆弧的圆心。

8．按照原图抄画开瓶器零件图。（可附图纸，粘贴于此）

学习活动 2　钳加工的认知

学习目标

> 1. 能在班组长等专业技术人员的指导下，参观钳工车间，了解企业钳工车间和工作区的范围和限制，了解企业对安全生产事故隐患的预防措施。
>
> 2. 能与技术人员、生产主管进行专业沟通，了解钳工常用设备、工具的名称和功能。
>
> 3. 能查阅钳工相关教材或观看钳工操作视频，了解钳工工作特点和主要工作任务。
>
> 4. 能严格遵守安全操作规程，规范穿戴工装和劳动防护用品。
>
> 建议学时：4 学时。

学习过程

一、认识钳工

1. 咨询班组长等专业技术人员或查阅资料，弄清钳工的定义。

钳工是使用钳工工具或设备，以手工操作的方法为主，对工件进行加工的一个工种，因常在钳台上用台虎钳夹持工件操作而得名。

2. 咨询班组长等专业技术人员或查阅资料，了解钳工的基本操作技能。

钳工的基本操作技能包括测量、划线、錾削、锯削、锉削、孔加工、螺纹加工、刮削、研磨、锉配以及简单的装配等。

3．咨询班组长等专业技术人员或查阅资料，识别表1–3所列举的钳工操作内容，并简要介绍各项操作。

表1–3　　　　　　　　　　　　　　　钳工基本操作内容

序号	图示	操作内容	操作简介
1	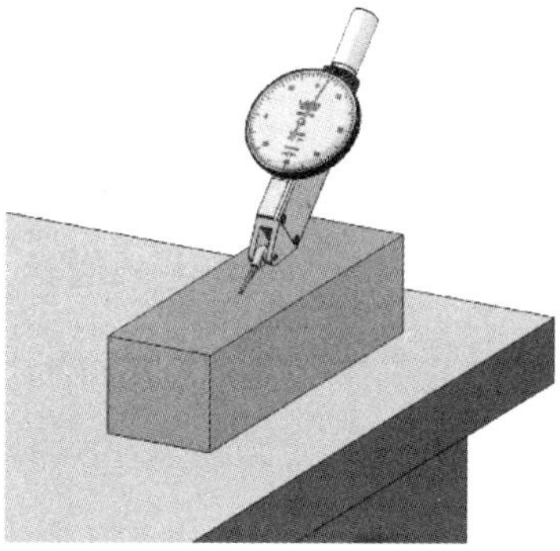	测量	用量具、量仪来检测工件或产品的尺寸、形状和位置是否符合图样技术要求的操作
2	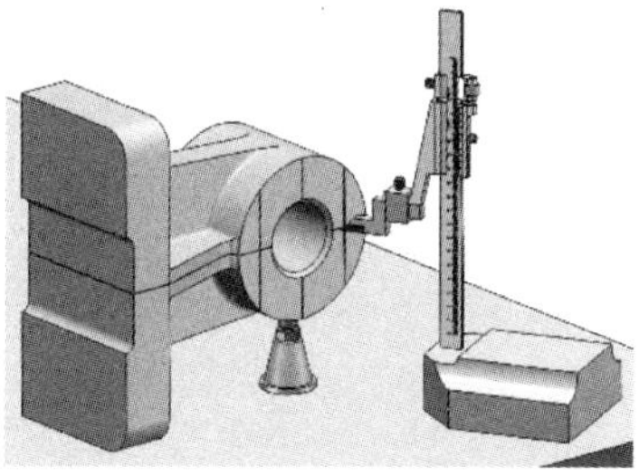	划线	用划线工具在毛坯或半成品上划出待加工部位的轮廓线（或称加工界线）的操作
3	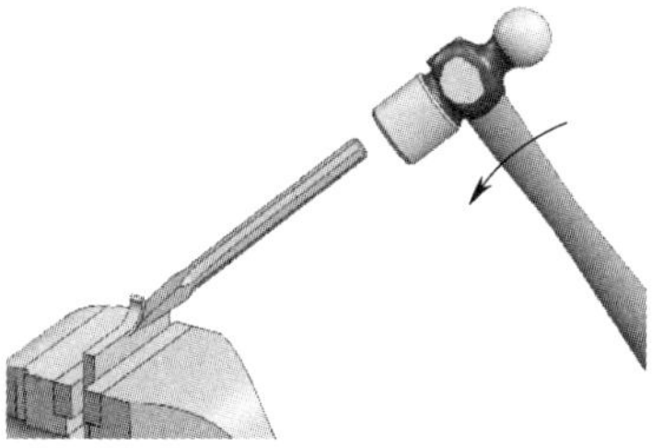	錾削	用锤子打击錾子对金属进行切削加工的操作
4	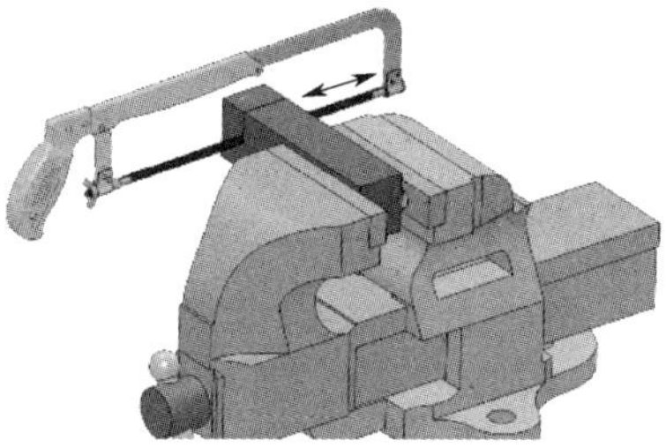	锯削	用锯条锯断金属材料（或工件）或在工件上切槽的操作
5	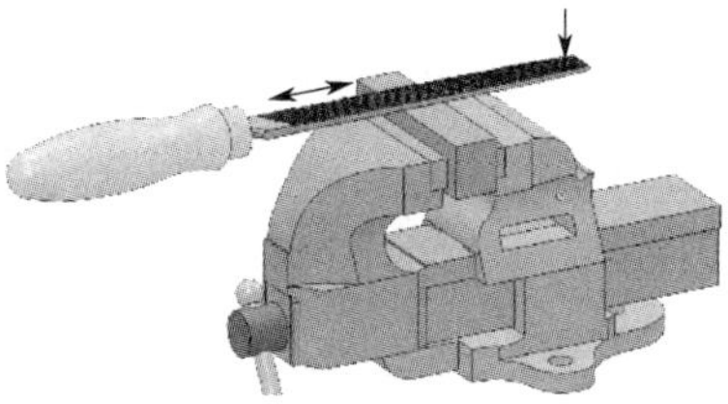	锉削	用锉刀对工件表面进行切削加工，使工件达到零件图要求的形状、尺寸和表面粗糙度的加工方法

续表

序号	图示	操作内容	操作简介
6	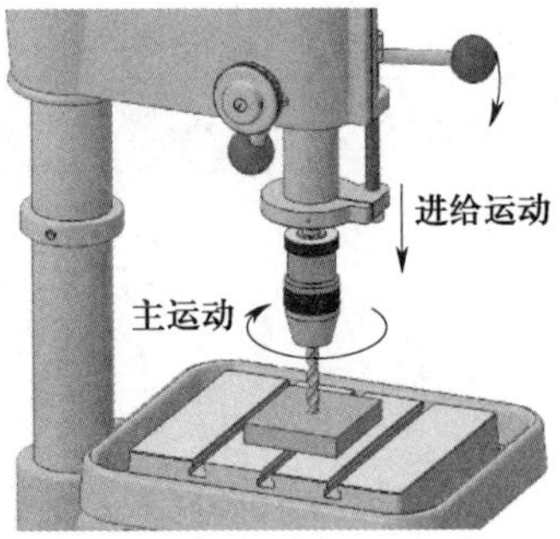 进给运动 主运动	孔加工	用钻头在实体材料上加工孔称为钻孔。另外，还可以对工件上已有的孔进行再加工，其中，用扩孔工具扩大已加工出的孔称为扩孔，用锪钻在孔口表面锪出一定形状的孔称为锪孔
7	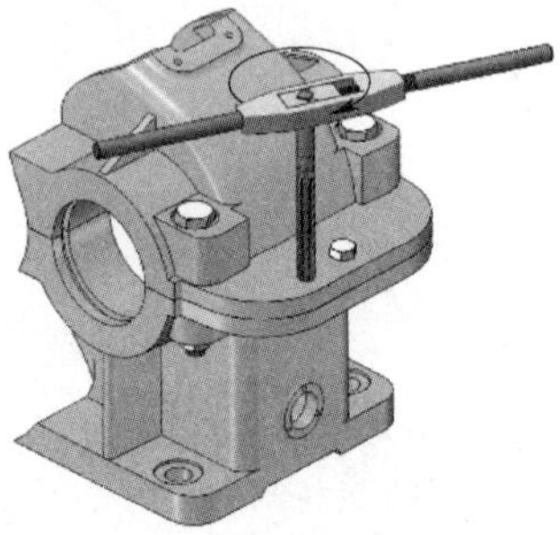	铰孔	用铰刀从工件孔壁上切除微量金属层，以提高孔的尺寸精度和表面质量的加工方法
8	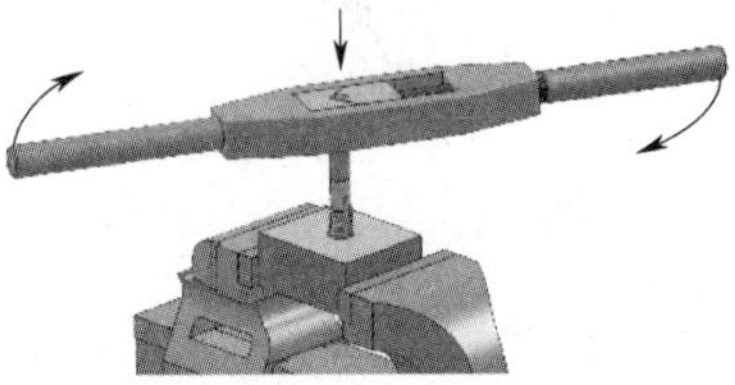	螺纹加工	用丝锥在工件内圆柱面上加工出内螺纹称为攻螺纹，用圆板牙在圆柱杆上加工出外螺纹称为套螺纹
9		刮削	用刮刀在工件已加工表面上刮去一层很薄的金属的操作
10	 工件 涂有研磨剂的平板	研磨	用研磨工具和研磨剂从工件上研去一层极薄表面层的精加工方法

二、熟悉钳工工作环境

1．查阅资料或咨询现场工作人员，了解企业钳工车间配备的各类设备的用途。

钳工车间主要配备了钳台、台虎钳、钻床、砂轮机等设备。

（1）钳台用于安装台虎钳、放置工具和工件等。

（2）台虎钳是用来夹持工件进行加工的必备设备。台虎钳有固定式和回转式两种。回转式台虎钳的整个钳身可以回转，能满足不同方位的加工需要，因此应用广泛。

（3）砂轮机主要用来刃磨錾子、钻头、刮刀或其他工具，也可用来磨去工件或材料上的毛刺、锐边、氧化皮等。砂轮机主要由砂轮、电动机和机体组成。

（4）钻床是用来对工件进行孔加工的设备，可分为台式钻床、立式钻床和摇臂钻床等。

2．参观钳工车间或观看钳工视频，或与钳工师傅进行有效沟通、咨询，识别表 1–4 中的钳工常用工具。

表 1–4　　　　　　　　　　　　　　钳工常用工具

图示	工具名称	用途
	台虎钳	夹持工件
	手锯	分割各种材料和半成品，锯掉工件上多余的部分或在工件上锯槽等
	划线平台	用于安放工件和划线所用的工具
	划规	用于划圆和圆弧，划等分线段，划等分角度以及量取尺寸等

续表

图示	工具名称	用途
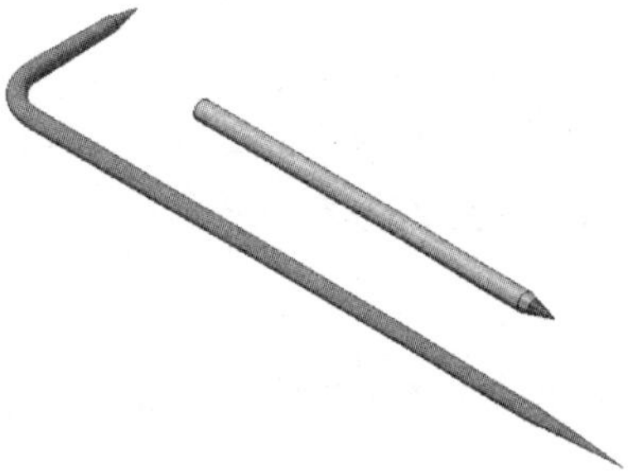	划针	用于划出线条，常需要配合钢直尺、直角尺或样板等工具一起使用
	划线盘	用于划线或找正工件的位置。划针的直头端用于划线，弯头端用于找正工件的位置
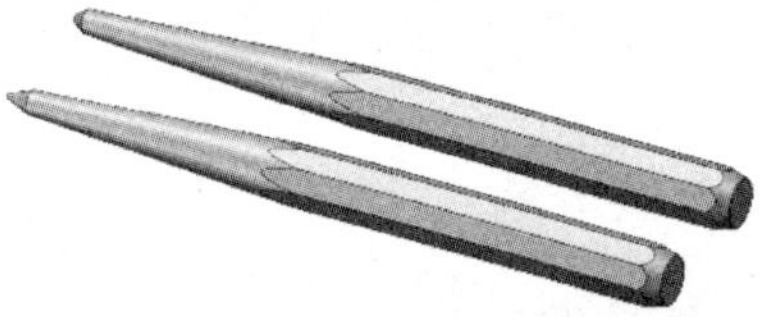	样冲	用于在所划的线条或圆弧中心上冲眼，以确定所划线条或圆弧中心
	锉刀	用于锉削工件
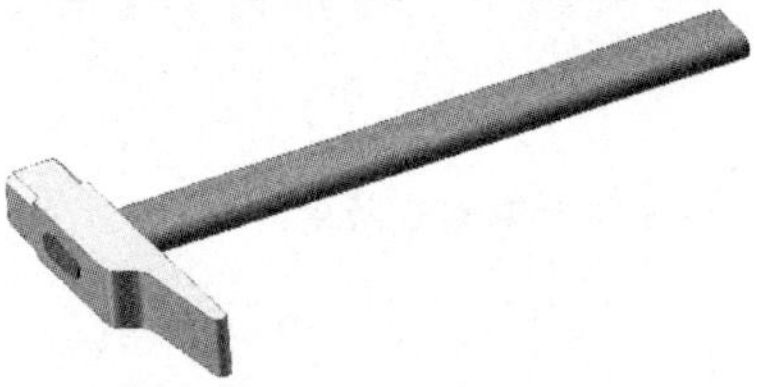	手锤	用于校直、整削、维修和装卸零件等工艺中的敲击操作
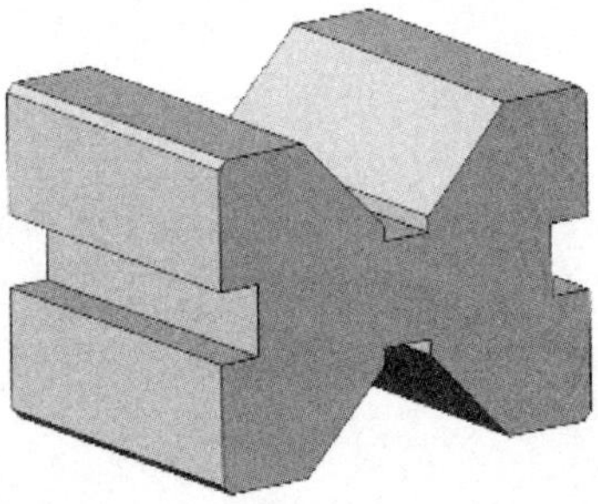	V形架	主要用于支承轴类工件

续表

图示	工具名称	用途
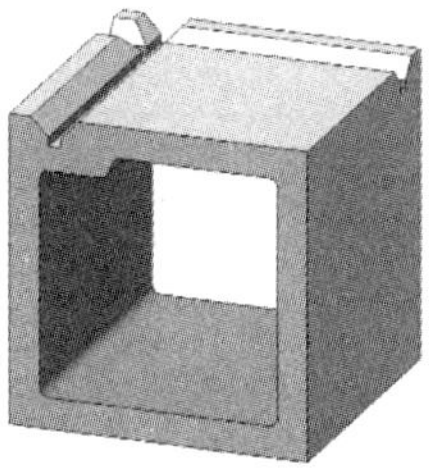	方箱	方箱上的 V 形槽平行于相应的平面，V 形槽可用于装夹一定直径范围的圆柱形工件
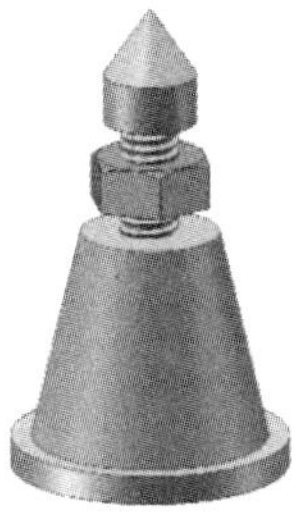	千斤顶	用于支承毛坯或形状不规则的工件进行立体划线，它可调整工件的高度，以便安装不同形状的工件
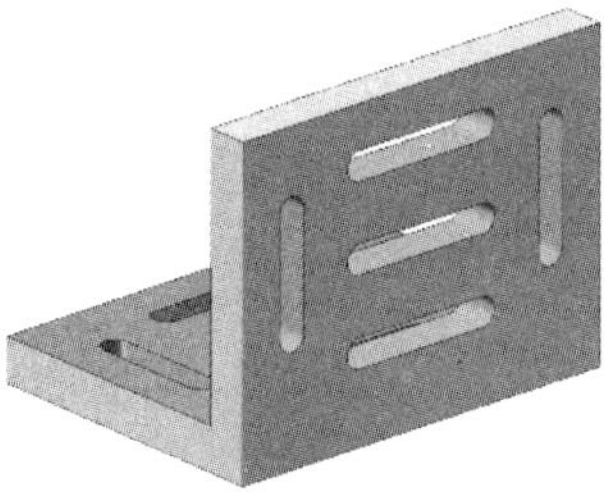	角铁	角铁用铸铁制成，有两个面的垂直精度很高，使用压板固定需要划线的工件，通过直角尺对工件的垂直位置找正后，再用游标高度卡尺划线，可使所划线条与原来找正的直线或平面保持垂直
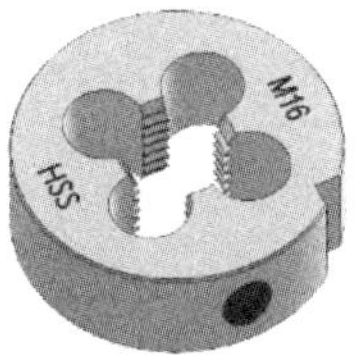	圆板牙	用于加工或修正外螺纹
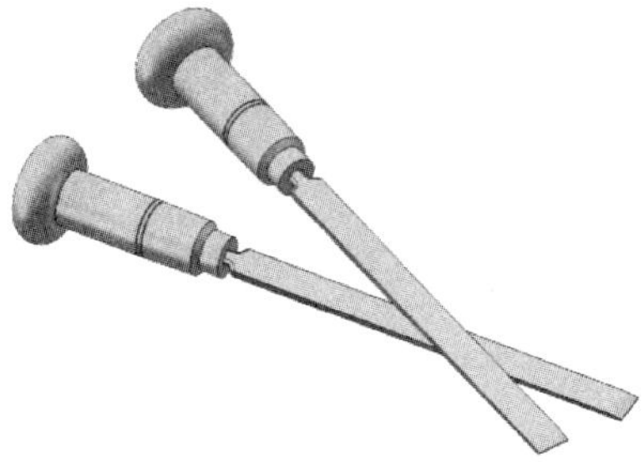	刮刀	用于刮削工件
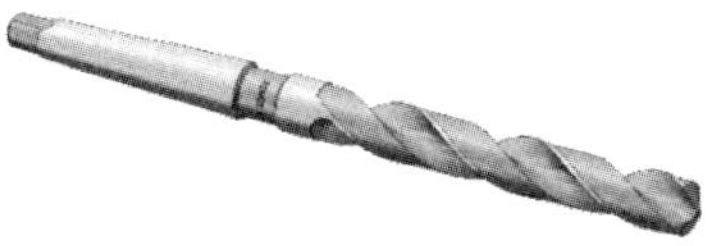	麻花钻	用于钻孔
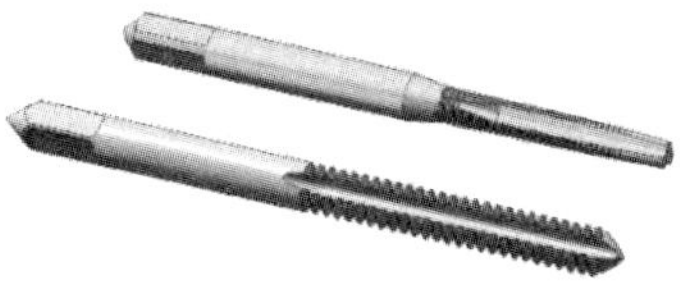	丝锥	用于加工内螺纹

3．量具是指可以对物体的某些性质（如尺寸、形状、位置等）进行测量的计量工具。钳工车间配备了多种量具，咨询班组长等专业技术人员或查询资料，识别表1–5中所列量具。

表1–5　　　　　　　　　　　量具的名称及用途

图示	量具名称	用途
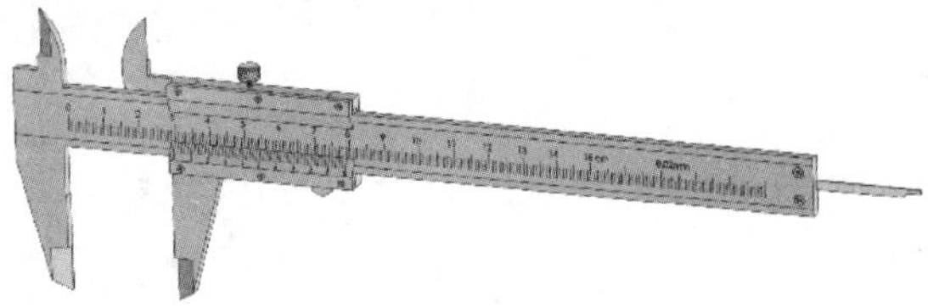	游标卡尺	用于测量长度、直径、宽度和深度等尺寸
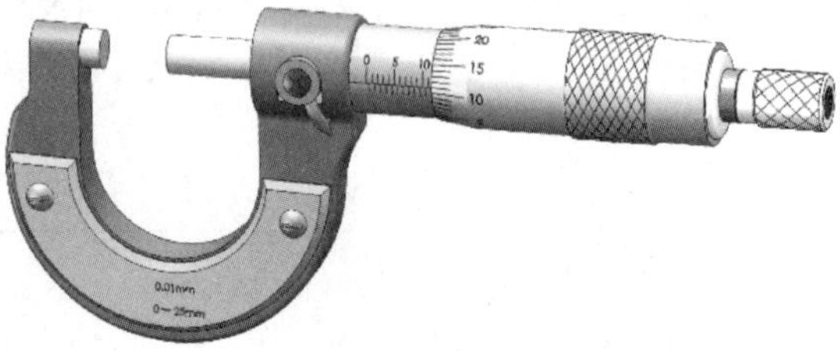	外径千分尺	用于测量长度
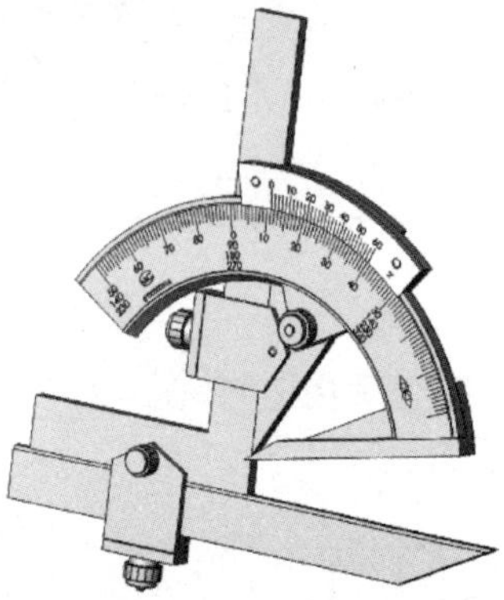	游标万能角度尺	用于测量角度
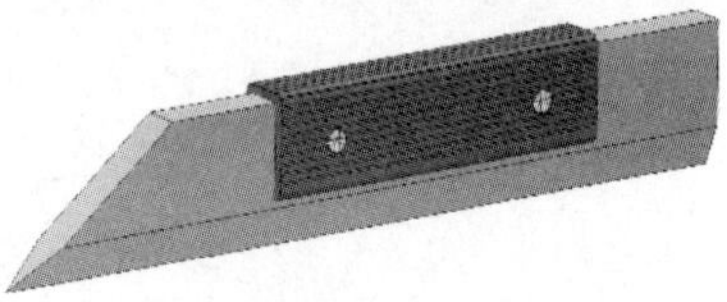	刀口尺	用于测量工件平面形状误差
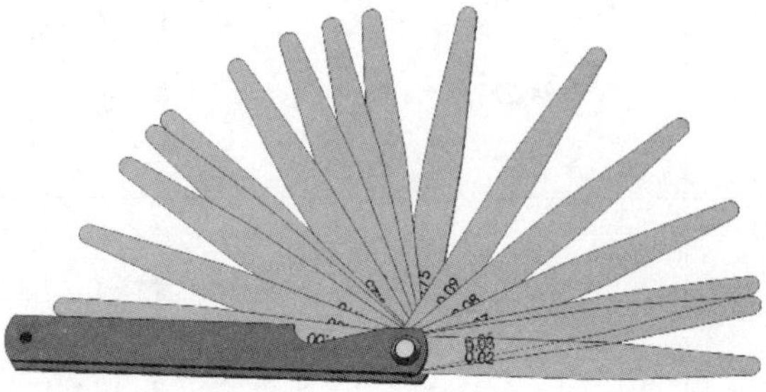	塞尺	主要用于检查两结合面之间的缝隙

续表

图示	量具名称	用途
	直角尺	用于检测工件的垂直度及工件相对位置的垂直度
	游标高度卡尺	主要用于测量工件的高度，另外，还经常用于测量工件的形状和位置误差，有时也用于划线
	钢直尺	用于测量长度
	指示表	主要用于测量各种工件的几何误差

4. 企业钳工安全文明生产要求

　　遵守劳动纪律，执行安全技术操作规程，严格按工艺要求操作是保证产品质量的重要前提。作为一名钳工，要不断增强"安全第一，预防为主"的意识。阅读知识链接 ，并回答下列问题。

（1）钳工操作对劳动防护用品有哪些要求？

钳工操作时应按规定穿戴好劳动防护用品（工作服、工作鞋、工作帽、护目镜等），工作服袖口和下摆要扎紧，过颈长发要挽入工作帽内，操作钻床时严禁戴手套。

（2）钳工操作是否允许擅自使用不熟悉的设备、工具和量具？

钳工操作不允许擅自使用不熟悉的设备、工具和量具。

（3）使用机床及电动工具要注意哪些事项？

使用的机床及电动工具要经常检查，有故障时不得使用。使用电动工具时要有绝缘防护措施和安全接地措施。

（4）钳工操作时对工、夹、量具的摆放有何要求？

钳工操作时对使用的工、夹、量具应分类、依次排列整齐，常用的放在工作位置附近，但不要放置于钳台的边缘处，使用时轻拿轻放，在工具箱内存放时应固定位置、摆放整齐。

（5）钳工操作时对毛坯和半成品的摆放有何要求？

钳工操作时，毛坯和半成品应按规定摆放整齐，便于取放，并避免碰伤已加工表面。

（6）钳工操作时对清除切屑有何要求？

清除切屑应用毛刷，不准用嘴吹或用手直接拉、擦去除。

（7）钳工操作时对工作场地有何要求？

工作场地应保持整洁，工作完毕，对所使用的工具、设备都应按要求进行清理、润滑。

三、熟悉钳工常用设备

1. 台虎钳

台虎钳是用来夹持工件进行加工的必备设备，如图 1-2 所示。仔细观察钳工车间所配台虎钳，并观看台虎钳的结构与工作原理演示动画 🖥 及台虎钳的操作视频 🏃，回答下列问题。

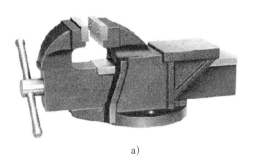

a)　　　　　　　　　　　　　　　　　　b)

图 1-2　台虎钳

a）固定式　b）回转式

（1）钳工车间配备几类台虎钳？它们各由哪些零部件组成？

钳工车间配备了固定式和回转式两种台虎钳。固定式台虎钳主要由固定钳身、活动钳身、丝杠、螺母、手柄、钳口、螺钉等零件组成。回转式台虎钳主要由固定钳身、活动钳身、丝杠、螺母、手柄、钳口、螺钉、转座、夹紧盘和锁紧手柄等零件组成。

（2）台虎钳的规格是用什么表示的？常用的规格有哪些？

台虎钳的规格以钳口的宽度表示，常用的规格有 75 mm、100 mm、125 mm、150 mm、200 mm 等。

（3）顺时针转动台虎钳手柄，观察台虎钳活动钳口的移动方向，判别此操作是夹紧工件还是松开工件。

夹紧工件。

（4）查看台虎钳安全使用注意事项，抄写并熟记。

1）夹紧工件时要松紧适当，只能用手扳紧手柄，不得借助其他工具加力。

2）强力作业时，应尽量使力朝向固定钳身方向。

3）不许在活动钳身和光滑平面上敲击作业。

4）对丝杠、螺母等活动表面应经常清洗、润滑，以防生锈。

5）钳台装上台虎钳后，钳口高度应与弯曲的手肘齐平。

2．钳台

钳台也叫钳桌，如图 1-3 所示。钳台用于安装台虎钳、放置工具和工件等。

图 1-3　钳台

（1）仔细观察钳工车间所配钳台，其上安装了哪些设备？估测钳台的高度。

钳台上一般安装台虎钳。钳台高度为 800 ~ 1 200 mm。

（2）查看钳台安全使用注意事项，抄写并熟记。

1）操作者站在钳台的一侧工作，对面不允许有人。钳台周围除操作者站的一侧外，其余三面必须设置密度适当的安全网，钳台必须安装牢固，不允许被用作铁砧。

2）钳台上使用的照明设备的电压不得超过 36 V。

3）钳台上的杂物要及时清理，工具、量具和刃具分开放置，以免混放损坏。

4）摆放工具时，不能让工具伸出钳台边缘，以免工具被碰落而砸伤人脚。

3．砂轮机

砂轮机（图1-4）主要用来刃磨錾子、钻头、刮刀或其他工具，也可用来磨去工件或材料上的毛刺、锐边、氧化皮等。

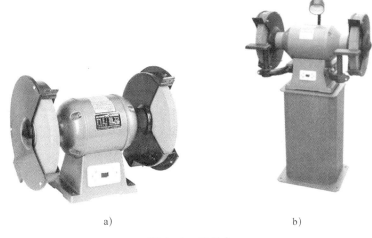

a)　　　　　　　　　　　　　b)

图1-4　砂轮机

a）台式　b）立式

（1）观察钳工车间所配砂轮机，查看铭牌，记录其型号。

建议：仔细查看钳工车间所配备的砂轮机的铭牌，详细记录其型号。

（2）阅读知识链接 ，抄写并熟记砂轮机安全使用注意事项。

1）砂轮机启动后应运转平稳，若跳动明显应及时停机调整。

2）砂轮机旋转方向要正确，磨屑应向下飞离砂轮。

3）砂轮机托架和砂轮之间的距离应保持在3 mm以内，以防工件轧入造成事故。

4）操作者应站在砂轮机侧面，磨削时不能用力过大。

4．钻床

钻床是用来对工件进行孔加工的设备，可分为台式钻床、立式钻床和摇臂钻床等，如图1-5所示。

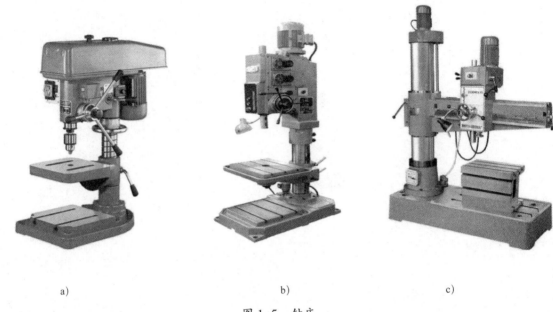

a)　　　　　　　　　　　b)　　　　　　　　　　　c)

图1-5　钻床

a）台式钻床　b）立式钻床　c）摇臂钻床

（1）观察钳工车间所配钻床，查看铭牌，记录其型号。

建议：仔细查看车间所配备的钻床的铭牌，详细记录其型号。

（2）阅读知识链接 📷，了解钻床的基本知识，抄写并熟记钻床使用安全要求。

1）工作前，对所用钻床和工具、夹具和量具要进行全面检查，确认无误后方可操作。

2）工件装夹必须牢固可靠，工作中严禁戴手套。

3）手动进给时，一般按照逐渐增压或减压的原则进行，不可用力过猛，以免造成事故。

4）钻头上绕有长铁屑时，要立即关闭钻床，然后用刷子或铁钩将铁屑清除。

5）不准在旋转的刀具下翻转、夹压或测量工件，手不准触摸旋转的刀具。

6）摇臂钻的横臂回转范围内不准有障碍物，工作前横臂必须夹紧。

7）横臂和工作台上不准存放物件。

8）工作结束后，将横臂降低到最低位置，主轴箱靠近立柱，并且要夹紧。

学习活动 3 确定加工步骤和方法

 **学习目标**

> 1. 能正确识读开瓶器加工工艺过程卡，明确开瓶器加工步骤。
>
> 2. 能理解生产过程的概念，了解生产过程的内容。
>
> 3. 能理解工序的概念，掌握工序划分的依据。
>
> 4. 能理解划线的概念，掌握划线的用途、方法及步骤。
>
> 5. 能理解锯削的概念及其用途，正确安装锯条，并掌握锯削方法。
>
> 6. 能理解钻孔的概念，掌握麻花钻的结构，并能应用钻床完成钻孔加工。
>
> 7. 能理解錾削的概念，掌握錾子的种类及用途。
>
> 8. 能理解锉削的概念，掌握锉刀的种类、规格及使用特点。
>
> 9. 能掌握锉削的动作要领和锉削注意事项。
>
> 10. 能正确掌握圆弧面的锉削方法。
>
> 11. 能规范应用游标卡尺检测工件的长度尺寸。
>
> 建议学时：16 学时。

 学习过程

一、阅读加工工艺过程卡

阅读开瓶器加工工艺过程卡（表1-6），查阅技术手册中有关加工工艺知识，回答下列问题。

表1-6　　　　　　　　　　　　　　开瓶器加工工艺过程卡

机械加工工艺过程卡		产品型号				零（部）件图号					
		产品名称				零（部）件名称		开瓶器	共　页	第　页	

材料牌号	Q235	毛坯种类	型材	毛坯外形尺寸	130 mm × 50 mm × 2 mm	每件毛坯可制件数	1	每台件数		备注	

工序号	工序名称	工序内容	车间	工段	设备	工艺装备	工时	
							单件	最终
1	划线	划出开瓶器零件轮廓线及锯削加工线	钳加工		划线平台	划针、划规、钢直尺、游标卡尺、样冲		
2	锯削	沿锯削加工线锯削多余边料	钳加工		台虎钳	手锯		
3	钻孔	钻 $\phi 9$ mm、$R3$ mm、$R6$ mm 共5个轮廓孔，钻工艺孔	钳加工		台式钻床	$\phi 9$ mm、$\phi 6$ mm、$\phi 12$ mm 及 $\phi 3$ mm 麻花钻		
4	錾削	錾掉内轮廓余料	钳加工		台虎钳	手锤、扁錾		
5	锉削	锉外形轮廓和内轮廓	钳加工		台虎钳	扁锉、半圆锉、圆锉、钢直尺、游标卡尺、圆弧样板		
6	检验	按图样尺寸进行检验	检验室			钢直尺、游标卡尺、圆弧样板		

							设计（日期）	审核（日期）	标准化（日期）	会签（日期）
标记	处数	更改文件号	签字	日期	标记	处数	更改文件号	签字	日期	

1. 什么是生产过程？对机械制造而言，生产过程一般包括哪些内容？

生产过程是指将原材料转变为成品的全过程。对机械制造而言，生产过程一般包括以下内容：

（1）原材料、半成品和成品的运输和保存。

（2）生产和技术准备工作，如产品的开发和设计、工艺及工艺装备的设计与制造等。

（3）毛坯制造和处理、零件的机械加工、热处理及其他表面处理。

（4）零部件或产品的装配、检测、调试、包装等。

2. 什么是机械加工工艺过程卡？它主要包括哪些内容？

机械加工工艺过程卡简称过程卡或路线卡，它是以工序为单位说明一个零件全部加工过程的工艺卡片。这种卡片包括零件各个工序的名称、工序内容、经过的车间、工段、所用的设备、工艺装备、工时定额等，主要用于单件小批量生产的生产管理。

3．什么是工序？划分工序的依据是什么？

一个或一组工人，在一个工作地对一个或同时对几个零件所连续完成的那一部分工艺过程称为工序。划分工序的依据是工作地是否发生变化和工作是否连续。

4．识读开瓶器加工工艺过程卡（表1-6），制作开瓶器需要经过哪几个工序？各工序主要应用哪些工具？

加工开瓶器共6个工序，依次为划线、锯削、钻孔、錾削、锉削、检验。其中，划线主要采用划规和划针，锯削采用手锯，钻孔采用 $\phi 9\,mm$、$\phi 6\,mm$、$\phi 12\,mm$ 及 $\phi 3\,mm$ 麻花钻，錾削采用扁錾，锉削采用扁锉、半圆锉及圆锉，检验采用钢直尺、游标卡尺和圆弧样板。

二、划线

观看钳工操作视频，查阅钳工相关教材，并咨询现场主管，回答有关划线知识与技能的问题。

1．什么是划线？划线有什么作用？

（1）划线是指在毛坯或半成品上，用划线工具划出待加工部位的轮廓线或作为基准的点和线的操作过程，一般为加工中的第一个工序。

（2）划线的作用

1）能确定工件的加工位置和加工余量，使机械加工有明确的加工界线。

2）便于在机床上装夹复杂的工件，可按划线找正、定位。

3）能及时发现和处理不合格的毛坯，避免加工后造成损失浪费。

4）采用借料划线可使误差不大的毛坯得到补救，提高毛坯的合格率。

2．图1-6所示为划线的两种方式，查阅资料，并观看操作视频 ，说明两种划线方式的特点，指明开瓶器划线属于哪一种。

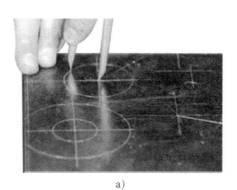
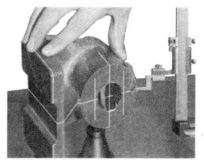

图1-6　划线

a）平面划线　b）立体划线

图 1-6a 所示为平面划线，图 1-6b 所示为立体划线。只需要在工件一个表面上划线后即能明确表示加工界线的是平面划线。需要在工件几个互成不同角度（一般互相垂直）的表面上划线才能明确表示加工界线的是立体划线。开瓶器划线属于平面划线。

3. 阅读知识链接 ，回答问题：什么是划线基准？划线基准的类型有哪几种？开瓶器的划线采用哪种基准？

划线时，工件上用来确定其他点、线、面位置所依据的点、线、面称为划线基准。划线时，为减少不必要的尺寸换算，使划线方便、准确，应从划线基准开始。划线基准分为三种，以两个互相垂直的平面（或线）为基准、以两条互相垂直的中心线为基准、以一个平面和一条中心线为基准。开瓶器的划线采用以两条互相垂直的中心线为基准。

4. 开瓶器内外轮廓是由多个圆弧构成的，划线时会遇到圆弧与两圆内切或外切情况。查阅资料，写出图 1-7 所示图形的划线方法。

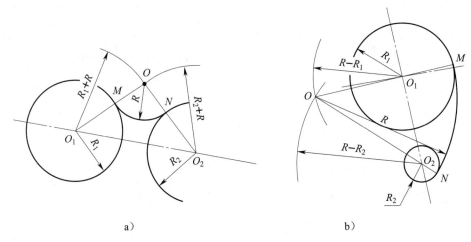

a)　　　　　　　　　　　　　　　　b)

图 1-7　圆弧划线

a）圆弧与两圆外切　b）圆弧与两圆内切

图 1-7a 的划线步骤是分别以 O_1 和 O_2 为圆心，以 R_1+R 及 R_2+R 为半径作圆弧交于 O 点；连接 O_1、O 交已知圆于 M 点，连接 O_2、O 交已知圆于 N 点；以 O 为圆心、R 为半径作圆弧即可。图 1-7b 的划线步骤是分别以 O_1 和 O_2 为圆心，以 $R-R_1$ 和 $R-R_2$ 为半径作弧交于 O 点；以 O 为圆心、R 为半径作圆弧即可。

5. 阅读知识链接 ，回答问题：什么是找正？划线时为什么要找正？

利用划线工具（划规、直角尺、划线盘等）使工件上的有关表面处于合适的位置称为找正。找正的原因有两点：一是当毛坯上有不加工表面时，按不加工表面找正后划线，可使待加工表面与已加工表面之间保持尺寸均匀；二是毛坯上没有不加工表面时，找正后划线能使加工余量均匀或合理分布。

6. 阅读知识链接 ，回答问题：什么叫借料？划开瓶器上 $R120$ mm 圆弧加工线时，能否在毛坯上划出该圆弧的圆心位置？

一些铸件、锻件毛坯，在尺寸、形状、几何要素的位置上，存在一定的缺陷或误差。当误差不大时，通过试划线和调整可以使加工表面都有足够的加工余量，并得到恰当的分配。而缺陷和误差加工后将会被排除，这种补救方法称为借料。划开瓶器上 $R120$ mm 圆弧加工线时，由于毛坯尺寸较小，该圆弧的圆心不在毛坯上，需要借助划线平板或其他型材确定圆心位置。

7. 阅读知识链接 ，总结划线的操作步骤。

划线包括以下操作步骤：

（1）划线前的准备。对工件或毛坯进行清理、涂色（常用的涂料有石灰水、蓝油）及在工件孔中心填塞木料或其他材料等。

（2）分析图样，确定划线基准与划线的先后次序。

（3）根据基准检测毛坯，确定是否需要找正或借料。

（4）选择合适的划线工具、量具。

（5）按确定的划线次序划线。

（6）复核划线的正确性，包括尺寸、位置等。

三、锯削

观看钳工操作视频，查阅钳工相关教材，并咨询现场主管，回答有关锯削知识与技能的问题。

1. 什么是锯削？锯削的用途有哪些？

用手锯将金属材料或半成品分割开，或在工件上锯出沟槽的操作称为锯削。

2. 图 1-8 所示为手锯实物图，查阅资料，说明手锯的构成。

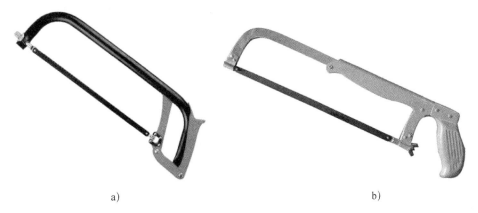

a) b)

图 1-8 手锯
a）固定式 b）可调式

手锯由锯弓和锯条构成。锯弓用于安装和张紧锯条，有固定式和可调式两种。固定式锯弓只能安装一种长度的锯条（通常为 300 mm）；可调式锯弓的安装距离可以调节，能安装几种不同长度的锯条。锯条在锯削时起切削作用，一般用渗碳钢冷轧制成，其长度规格是以两端安装孔中心距来表示的，钳工常用的锯条长度为 300 mm。

3．锯齿的粗细规格是怎样表示的？如何选择锯齿的粗细？锯削开瓶器边缘余料应选择什么样的锯齿？

（1）锯齿的粗细规格以两相邻锯齿的齿距或以 25 mm 长度内的齿数来表示。

（2）按照以下情况选择锯齿粗细：

1）锯齿的粗细一般应根据加工材料的软硬、切面大小等来选择。锯削软材料或切面较大的工件时，因切屑较多，要求有较大的容屑空间，应选用粗齿锯条；锯削硬材料或切面较小的工件时，因锯齿不易切入，切屑较少，不易堵塞容屑槽，应选用细齿锯条，同时，细齿锯条参加切削的齿数增多，可使每个齿担负的锯削量小，锯削阻力小，材料易于切除，锯齿也不易磨损；一般中等硬度材料选用中齿锯条。

2）锯削管子和薄板时，截面上至少要有两个以上的锯齿同时参加锯削，才能避免锯齿被钩住而崩断。因此必须用细齿锯条。

（3）制作开瓶器的毛坯为型材，厚度为 2 mm，因此应选择细齿锯条。

4．图 1-9 所示为锯条的安装示意图，哪种方式是正确的？观看锯条的安装方法视频 ，总结锯条安装注意事项。

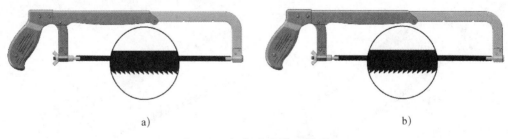

图 1-9　锯条的安装示意图

图 1-9a 所示是正确的。锯条安装应注意三个问题：一是锯齿向前，只有锯齿向前才能正常切削，否则几何切削角度会发生改变（前角为负值）；二是锯条松紧适当，太松或太紧锯条均易折断；三是锯条安装好后应无扭曲现象，锯条平面与锯弓纵向对称中心面共面。

5. 锯削时，对工件的装夹有何要求？

工件一般应夹持在台虎钳的左侧，以便操作。工件伸出钳口不宜过长（应使锯缝离开钳口侧面约 20 mm），防止工件在锯削时产生振动。锯缝线要与钳口侧面保持平行（使锯缝线与铅垂线方向一致），以便于控制锯缝不偏离划线线条。锯削时，工件夹紧要牢靠，同时要避免工件变形或破坏已加工表面。

6. 图 1-10 所示为锯削时的站立姿势，观看锯削时的姿势及动作视频 ，总结锯削时对站立姿势和手锯的握法的要求。

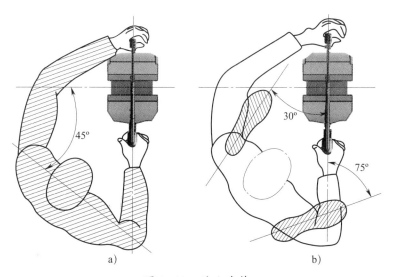

图 1-10　站立姿势
a）锯削时的身体位置　b）锯削步位

（1）锯削时的站立姿势要求为左脚向前半步，两腿自然站立，人体重心稍微偏于右脚，视线要落在工件的锯削部位。

（2）锯削时对手锯的握法要求为右手握锯柄，拇指自然放在食指上方，不要压食指，左手在整个锯削过程中始终轻扶在锯弓前端，不可施力，在锯削推程和回程中，用右手控制其方向和作用力的大小，左手只是起辅助作用。

7. 起锯是锯削工作的开始，起锯质量的好坏直接影响锯削的质量。观看起锯方法视频 ，回答问题：起锯方式有哪几种？起锯时应注意哪些事项？

起锯的方式分近起锯和远起锯两种。通常情况下采用远起锯，因为这种方法锯齿不易被卡住。无论哪种起锯，起锯角一般不大于15°。起锯角太大，切削阻力大，锯齿易被卡住而崩齿；起锯角过小，不易切入工件，易在工件表面打滑而划伤工件。为了使起锯平稳、准确，可以用拇指对锯条进行靠导。当起锯到槽深 2～3 mm 时，拇指可离开锯条，扶正锯弓进入正常锯削。注意起锯的操作要点是"小""短""慢"。"小"指起锯时压力要小，"短"指往回程要短，"慢"指速度要慢，这样可以使起锯平稳。

8. 阅读知识链接 ，总结推锯时锯弓运动方式种类，并说明各方式的操作要点。

推锯时锯弓运动方式有两种，一种是直线往复运动，另一种是锯弓小幅上下摆动。

（1）直线往复操作。锯削时，右腿站直，左腿略微弯曲，身体前倾10°左右，重心落于左腿。双手正确握住锯弓，左臂略微弯曲，右臂尽量向后收，保持与锯削方向平行。向前锯削时，身体与锯弓一起向前运动，左腿向前弯曲，右腿伸直向前倾，重心落于左腿。随着锯弓行程的继续推进，身体倾斜角度随之增大，这时身体前倾18°左右。当锯弓推进约3/4行程时，身体停止前进，两臂继续推动锯弓向前运动，慢慢地将身体重心后移，锯削行程结束后，取消压力，将手和身体恢复到初始位置，准备进行第二次锯削。在整个锯削过程中，应保持锯缝的平直，如有歪斜应及时调整。这种操作方式适于加工薄形工件及直槽。

（2）摆动式操作。在锯弓推进时，锯弓可上下小幅度摆动。操作时两手动作自然，不易疲劳，切削效率高，但初学者使用这种方式时，锯削尺寸和断面质量不易控制，建议初学者使用直线往复操作方式进行锯削。

9. 开瓶器毛坯为板料型材，观看板料的锯削方法视频 ，总结板料锯削时的注意事项。

锯削时尽可能从宽面上锯削。当只能在板料的窄面锯削时，可用两块木块夹持工件，与木块一起锯下，避免锯齿钩住，同时也增加了板料的刚度，锯削时不易发生颤动。也可以把薄板料直接夹在台虎钳上，用手锯横向斜锯，使锯齿与薄板接触齿数增加，避免锯齿崩裂。

四、钻孔

观看钳工操作视频，查阅钳工相关教材，并咨询现场主管，回答有关钻孔知识与技能的问题。

1. 什么是钻孔？

用麻花钻（钻头）在实体材料上加工出孔的方法，称为钻孔。

2. 阅读知识链接 ，回答下列问题。

（1）麻花钻由钻体和钻柄组成，如图1-11所示，说明麻花钻各组成部分的作用。

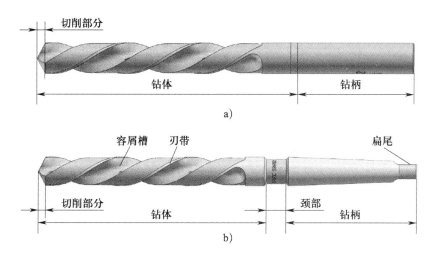

图1-11 麻花钻
a）直柄麻花钻 b）锥柄麻花钻

　　麻花钻由钻柄、颈部和钻体组成。柄部是钻头的夹持部分，用来定心和传递动力。颈部在磨制钻头时作为退刀槽使用，通常将钻头的规格、材料和商标打印在此处。钻体由切削部分和导向部分组成。切削部分由两条主切削刃、一条横刃、两个前面、两个主后面和两个副后面组成。导向部分用来保持麻花钻工作时的正确方向。在钻头重磨时，导向部分逐渐变为切削部分并加入切削工作。导向部分有两条螺旋槽，其作用除了作为后备切削刃外，还可容纳和排除切屑，便于切削液沿着螺旋槽流入。导向部分的外缘是两条棱带，它的直径略有倒锥，这样既可以引导钻头切削时的方向，使钻头不致偏斜，又可以减少导向部分与孔壁的摩擦。

（2）麻花钻切削部分是指由产生切屑的诸要素（主切削刃、横刃、前面、后面、刀尖）所组成的工作部分，如图1-12所示，标出各部分的名称。

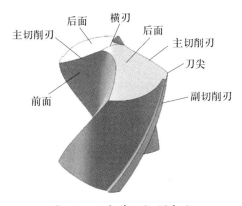

图1-12 麻花钻切削部分

3．台式钻床如图 1-13 所示，观看台式钻床的结构与工作原理演示动画 ▣ ，说明台式钻床的主要组成部分。

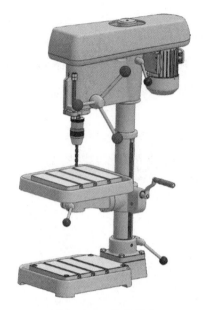

图 1-13　台式钻床

台式钻床主要由底座、立柱、工作台、机头、主轴、主轴变速机构、进给机构、电气控制部分以及电动机等组成。

4．仔细阅读开瓶器零件图，制作开瓶器时，需要钻哪几种规格的孔？

制作开瓶器时，需要钻 $\phi 6$ mm、$\phi 9$ mm、$\phi 12$ mm 三种规格的孔。为了去除内轮廓的余料，还需要钻 $\phi 3$ mm 工艺孔。

5．钻 $\phi 3$ mm、$\phi 6$ mm、$\phi 9$ mm、$\phi 12$ mm 四种规格孔时，需要将麻花钻装夹到钻床主轴上。观看麻花钻的装夹视频 ▣ ，总结四种规格麻花钻的装夹方法。

$\phi 3$ mm、$\phi 6$ mm、$\phi 9$ mm、$\phi 12$ mm 四种钻头均为直柄麻花钻，装夹时需要采用钻夹头进行装夹。首先将钻头柄塞入钻夹头的三个卡爪内，夹持长度不能小于 15 mm，然后用钻夹头钥匙旋转外套，使环形螺母带动三个卡爪移动，进行夹紧，松开时方向相反。

6．钻开瓶器上的 $\phi 6\,mm$、$\phi 9\,mm$、$\phi 12\,mm$ 孔时，如何装夹毛坯？

开瓶器毛坯属于薄板类工件，可将工件放置在定位块上，用手虎钳夹持。

7．如何钻开瓶器上的 $\phi 6\,mm$、$\phi 9\,mm$、$\phi 12\,mm$ 孔？

（1）在工件钻孔位置划线。按孔的位置尺寸要求，划出孔位置的十字中心线，并打上中心冲眼（冲眼要小），位置要准，按孔的大小划出孔的圆周线。

（2）起钻。钻孔时，先使钻头对准钻孔中心，钻出一个浅坑，观察钻孔位置是否正确，并不断校正，使起钻浅坑与划线圆同轴。校正时，如偏位较少，可在起钻的同时用力将工件向偏位的相同方向推移，达到逐步校正；如偏位较多，可在校正方向打上几个中心冲眼或用油槽錾錾出几条槽，以减小此处的切削阻力，达到校正目的。无论用何种方法校正，都必须在锥坑外圆小于钻头直径之前完成。

（3）手动进给钻孔。当起钻达到钻孔的位置要求后，可夹紧工件完成钻孔，钻孔时用毛刷加注乳化液。手动进给操作钻孔时，进给力不宜过大，防止钻头发生弯曲，使孔歪斜。孔将钻穿时，必须减小进给力，以防瞬间钻透，增大冲击力，造成钻头失稳折断，或使工件随着钻头转动造成事故。

8．使用钻床过程中应注意哪些安全事项？

（1）操作钻床时不可戴手套，袖口必须扎紧并佩戴工作帽。

（2）工件必须夹紧，特别是在小工件上钻较大直径孔时装夹必须牢固，孔将钻穿时，必须减小进给力。

（3）启动钻床前，应检查是否有钻夹头钥匙或斜铁插在钻轴上。

（4）钻孔时不可用手、棉纱或用嘴吹来清除切屑，必须用毛刷清除切屑，钻出长条状切屑时，要用钩子钩断后除去。

（5）操作者的头部不准与旋转着的主轴靠得太近，停车时应让主轴自然停止，不可用手制动正在转动的钻头，也不能用反转制动。

（6）必须在停车状态下装拆工件、检验工件和变换主轴转速，严禁在开车状态下进行以上操作。

（7）清洁钻床或加注润滑油时，必须切断电源。

五、錾削

观看钳工操作视频，查阅钳工相关教材，并咨询现场主管，回答有关錾削知识与技能的问题。

1．什么是錾削？錾削主要用于哪些场合？

錾削是用锤子打击錾子对金属工件进行切削加工的方法。目前錾削工作主要用于不便于机械加工的场合，如切削或分割材料，去除铸件、锻件上的多余金属和毛刺，錾削平面及油槽等，有时也用作对较小表面的粗加工。

2．常用的錾子有扁錾、尖錾和油槽錾，其结构见表 1-7，说明各种錾子的用途。

表 1-7　　　　　　　　　　　　　錾子的种类与用途

名称	图示	用途
扁錾		扁錾主要用来錾削平面、分割薄金属板料或切断小直径棒料及去毛刺等，是用途最广的一种錾子
尖錾		尖錾主要用来錾削沟槽和分割曲线形板料
油槽錾		油槽錾用来錾削平面或曲面上的油槽

3．錾削角度

錾削时，錾子与工件之间应形成适当的切削角度。图 1-14 所示为錾削平面时的情况。阅读知识链接

，将錾削角度的定义与作用填入表 1-8 中。

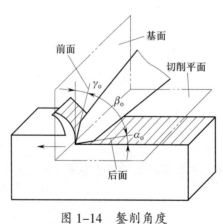

图 1-14　錾削角度

表 1-8　　　　　　　　　　　　　錾削角度的定义与作用

錾削角度	定义	作用
楔角 β_o	錾子前面与后面之间的夹角	楔角小，錾削省力，但刃口薄且弱，容易崩损；楔角大，錾削费力，錾削表面不易平整。通常根据工件材料的软硬选取楔角的大小
后角 α_o	錾子后面与切削平面之间的夹角	减少錾子后面与切削表面间的摩擦，使錾子容易切入材料。后角的大小取决于錾子被掌握的方向
前角 γ_o	錾子前面与基面之间的夹角	减小切屑变形，使切削轻快。前角越大，切削越省力

4．錾子的刃磨与热处理

阅读知识链接 ，并观看錾子的刃磨方法视频 ，回答下列问题。

（1）总结錾子的刃磨方法。

錾子的刃磨主要是刃磨楔角，刃磨时双手握住錾子，在砂轮的轮缘上进行刃磨。刃磨时，必须使切削刃高于砂轮旋转中心线，在砂轮全宽上左右移动，并要控制錾子的方向、位置，保证磨出所需的楔角值；加在錾子上的压力不宜过大，左右移动要平稳、均匀，并且刃口处要经常蘸水冷却，以防退火。

（2）錾子经刃磨后，必须进行淬火和回火处理后方可使用。如何对錾子进行淬火和回火处理？

当錾子的材料为 T7 或 T8 钢时，可把錾子切削部分约 20 mm 长的一端均匀加热到 750 ～ 780 ℃（呈樱红色）后迅速取出，并垂直地把錾子放入冷水中冷却，浸入深度 5 ～ 6 mm，即完成淬火过程。

錾子的回火是利用加热后其本身的余热进行，当錾子露出水面的部分变成黑色时，即将其从水中取出，此时錾子的颜色是白色，待其由白色变为黄色时，再将錾子全部放入水中冷却的回火过程称为"黄火"；而待其由黄色变为蓝色时，再把錾子全部放入水中冷却的回火过程称为"蓝火"。经"黄火"处理的錾子，比经"蓝火"处理的硬度要高些，不易磨损，但脆性较大。

5．錾削姿势

观看錾削姿势视频 ，回答下列问题。

（1）錾削时，锤子的握法有哪几种？各有何特点？

1）紧握法。右手五指紧握锤柄，拇指放在食指上，虎口对准锤头方向，木柄尾端露出 15 ～ 30 mm。在挥锤和锤击过程中，五指始终紧握。

2）松握法。只用拇指和食指始终握紧锤柄，在挥锤时，小指、无名指和中指则依次放松。在锤击时，又以相反的次序收拢握紧。

（2）錾削时，錾子的握法有哪几种？各有何特点？

1）正握法。手心向下，腕部伸直，用中指、无名指握住錾子，小指自然合拢，食指和拇指自然伸直，錾子头部伸出约 20 mm。

2）反握法。手心向上，手指自然捏住錾子，手掌悬空。

（3）錾削时，挥锤方法有哪几种？各有何特点？

1）腕挥。仅挥动手腕进行锤击运动，采用紧握法握锤，腕挥频率约 50 次 /min，用于錾削余量较小的工件及錾削开始或结尾。

2）肘挥。手腕与肘部一起挥动进行锤击运动，采用松握法握锤，肘挥频率约 40 次 /min，用于需要较大力錾削的工件。

3）臂挥。手腕、肘部和全臂一起挥动，其锤击力最大，用于需要大力錾削的工件。

（4）总结錾削时的站立姿势。

身体与台虎钳中心线大致成45°，且略向前倾，左脚跨前半步，膝盖处稍有弯曲，保持自然，右脚要站稳伸直，不要过于用力。视线要落在工件的切削部位。

（5）观看锤子的使用方法视频 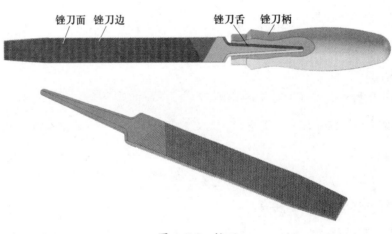，总结锤击要领。

1）挥锤。肘收臂提，举锤过肩，手腕后弓，三指微松，锤面朝天，稍停瞬间。

2）锤击。目视錾子，臂肘齐下，收紧三指，手腕加劲，锤錾一线，锤走弧形，敲下加速，增大动能，左腿用力，右腿伸直。

3）要求。稳，速度节奏约40次/min；准，命中率高；狠，锤击有力。

6．去除开瓶器内轮廓的余料一般采用什么方法？

去除开瓶器内轮廓的余料一般是先按轮廓线钻出密集的排孔，再用扁錾或尖錾逐步切割。

六、锉削

观看钳工操作视频，查阅钳工相关教材，并咨询现场主管，回答有关锉削知识与技能的问题。

1．什么是锉削？

锉削是指用锉刀对工件表面进行切削加工，使其尺寸、形状、位置和表面粗糙度等都达到要求的加工方法。一般锉削是在錾削、锯削之后对工件进行的精度较高的加工。锉削的加工精度可达0.01 mm，表面粗糙度可达$Ra0.8\ \mu m$。

2．图1-15所示为锉刀，说明各部分的作用。观看锉刀柄的装拆视频 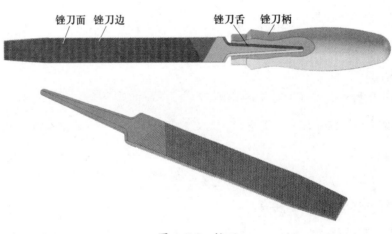，掌握锉刀柄的装拆。

锉刀面　锉刀边　　　　　锉刀舌　锉刀柄

图1-15　锉刀

锉刀面是锉刀的主要工作面，上下两面都制有锉齿，以便于进行锉削。锉刀面上有密排的锉齿，锉削时每个锉齿都相当于一把錾子，用以对金属材料进行切削。锉刀边是指锉刀的两个侧边，有的没有齿，有的其中一边有齿。没有齿的一边称为光边，它可以在锉削内直角的一个面时，不碰伤相邻面。锉刀舌是用来安装锉刀柄的，锉刀柄一般是木质的，在安装孔的一端应套有铁箍。

3．按用途不同，锉刀分为哪些种类？

按用途不同，锉刀可分为钳工锉、异形锉和整形锉三类。

（1）钳工锉。钳工锉是钳工最常用的锉削工具，按其断面形状不同，分为扁锉、方锉、三角锉、半圆锉和圆锉五种。

（2）异形锉。异形锉用来锉削工件上的特殊表面，有弯形和直形两种。

（3）整形锉。整形锉主要用于修整工件上的细小部分。通常以不同断面形状的锉刀组成一组（常用的有5支、8支或10支为一组），其断面形状有扁锉、方锉、三角锉、圆锉、半圆锉、菱形锉、刀口锉、椭圆锉、单边三角锉等。

4．锉刀规格分为尺寸规格和锉纹粗细规格两种。阅读知识链接 ，说明它们各是如何规定的。

（1）尺寸规格。圆锉的尺寸规格以其断面直径表示，方锉的尺寸规格以其边长表示，其他钳工锉以锉身长度表示。常用的锉刀规格有100 mm、125 mm、150 mm、200 mm、250 mm和300 mm等。异形锉和整形锉的尺寸规格是指锉刀的全长。

（2）锉纹粗细规格。国家标准规定，锉刀锉纹粗细规格以每10 mm轴向长度内的主锉纹条数来表示，条数越多，锉刀越细。

5．开瓶器加工面的表面粗糙度要求达到 Ra 3.2 μm，其形状也比较复杂，锉削时应如何选择锉刀？

（1）锉纹粗细的选择。制作开瓶器时需要粗、精锉，粗锉时选择1号（粗齿锉刀）锉纹，精锉时选择3号（细齿锉刀）锉纹。

（2）锉刀断面形状的选择。由于开瓶器的大部分轮廓都是圆弧，粗锉时可选择板锉，精锉时可选择半圆锉和圆锉。

6．锉刀的握法掌握得正确与否，对锉削质量、锉削力量的发挥和操作者的疲劳程度都有一定的影响。由于锉刀的大小和形状不同，锉刀的握法也应不同。观看锉刀的握法视频 ，根据锉刀的大小或长短，简述锉刀的握法。

（1）比较大的锉刀（大于250 mm），用右手握锉刀柄，刀柄一端顶住掌心，拇指放在刀柄的上部，其余手指握锉刀柄。左手的基本握法是拇指自然伸直，其余四指弯向手心，与手掌共同把持锉刀前端。其中左手的肘部要适当抬起，不要有下垂的姿势，否则不能发挥力量。

（2）中型锉刀（200 mm左右），右手的握法与大锉刀的握法一样，左手只需拇指和食指捏住锉刀的前端，不必像大锉刀那样施加很大的力。

（3）较小的锉刀（150 mm左右），由于需要施加的力较小，因此两手的握法也有所不同，用左手的手指压在锉刀的中部，右手食指伸直且靠在锉刀边上。这样的握法不易感到疲劳，锉刀也容易掌握平稳。

（4）更小的锉刀（150 mm以下），只要用一只手握住即可，食指在上面，拇指在左侧。用两只手握反而不方便，甚至可能压断锉刀。

7. 图 1-16 所示为锉削动作，查阅资料，列举锉削动作要领。

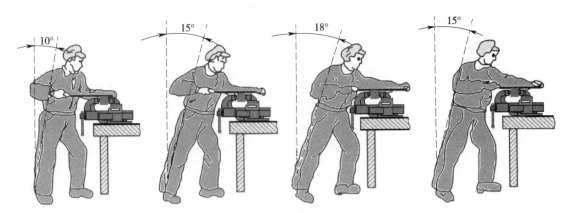

图 1-16　锉削动作

（1）开始时，身体前倾 10° 左右，右肘尽量向后收缩。

（2）锉削前 1/3 行程时，身体前倾 15° 左右，左膝弯曲度稍增。

（3）锉削中间 1/3 行程时，身体前倾 18° 左右，左膝弯曲度稍增。

（4）锉削最后 1/3 行程时，右肘继续推进锉刀，同时利用推进锉刀的反作用力，身体退回到前倾 15° 左右。

（5）锉削回程时，将锉刀略微提起退回，同时手和身体恢复到原来姿势。

8. 开瓶器外轮廓是由圆弧面组成的，观看外圆弧面的锉削视频 ，总结锉削外圆弧面的操作要领。

锉削外圆弧面时，一般选用各种板锉，有时也可用半圆锉的平面部分进行锉削。锉削时，需要保证锉刀同时完成两个方向的运动，即锉刀在做前进运动的同时还应绕工件圆弧的中心转动，常用的方法有以下两种。

（1）采用扁锉对着圆弧面锉削的方法。锉刀做直线推进运动的同时绕圆弧面中心做圆弧摆动，这种方法锉削力较大，效率比较高，但锉削后使整个弧面呈多棱形，一般适用于圆弧面的粗加工。

（2）采用扁锉顺着圆弧面锉削的方法。锉刀做前进运动的同时绕工件的圆弧中心做上下摆动，右手下压的同时左手上提，即沿着弧面线均匀切去一层，使圆弧面光滑。这种方法锉削力不大，切削效率不高，只适用于精锉外圆弧面。

9. 开瓶器内轮廓是由连接平面和内圆弧面组成的，观看内圆弧面的锉削视频 ，总结锉削内圆弧面的操作要领。

在一般情况下，应先加工平面，后加工内圆弧面，以便于内圆弧面与平面光滑连接。如果先加工内圆弧面后加工平面，则在加工与内圆弧面连接的平面时，会由于锉刀侧面无依靠而产生左右移动，损伤已加工曲面，同时连接处也不易锉得圆滑。

锉削内圆弧面时，必须选用半圆锉、圆锉或异形锉进行加工，并且要求锉刀的圆弧半径小于或等于加工弧的半径，当加工弧的半径较大时，也可选用方锉进行锉削加工。锉削内圆弧面时，必须使锉刀同时完成三个方向的运动，前进运动、锉刀沿圆弧方向向左（或向右）移动及锉刀沿自身中心线的转动，必须使这三个方向的运动同时作用于工件表面，才能保证锉出的内圆弧面光滑、准确。

七、检测

1．观看游标卡尺的演示动画 和操作视频 ，并阅读知识链接 ，回答下列问题。

（1）图1-17所示为游标卡尺结构，说明该类游标卡尺的分度值是多少，该类游标卡尺有几种功能。

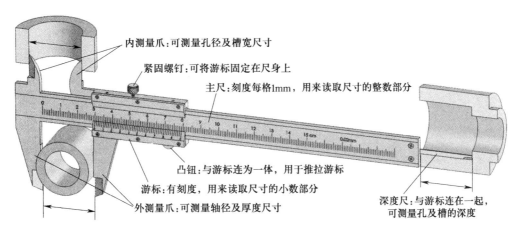

内测量爪：可测量孔径及槽宽尺寸
紧固螺钉：可将游标固定在尺身上
主尺：刻度每格1mm，用来读取尺寸的整数部分
凸钮：与游标连为一体，用于推拉游标
游标：有刻度，用来读取尺寸的小数部分
外测量爪：可测量轴径及厚度尺寸
深度尺：与游标连在一起，可测量孔及槽的深度

图1-17　游标卡尺结构

图1-17所示游标卡尺的分度值为0.02 mm，其外测量爪可测量轴径、厚度及长度尺寸，内测量爪可测量孔径及槽宽尺寸，深度尺可测量孔及槽的深度。

（2）图1-18所示为游标卡尺的刻线原理，说明游标卡尺的刻线原理。

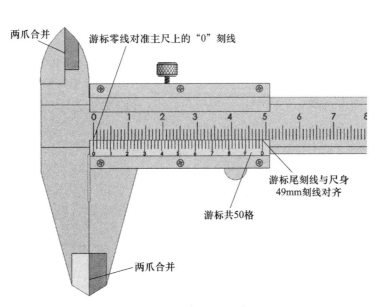

两爪合并
游标零线对准主尺上的"0"刻线
游标尾刻线与尺身49mm刻线对齐
游标共50格
两爪合并

图1-18　游标卡尺的刻线原理

　　如图 1-18 所示，尺身每格是 1 mm，当两爪合并时，游标上的 50 格刚好等于尺身上的 49 格（49 mm），则游标每格间距为 0.98 mm（49 mm÷50=0.98 mm），主尺与游标每格间距相差 0.02 mm（1 mm-0.98 mm=0.02 mm），即 0.02 mm 为该游标卡尺的最小读数值（测量精度）。

　　（3）识读图 1-19 所示游标卡尺读数。

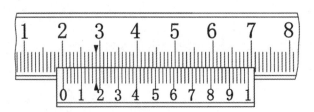

图 1-19　游标卡尺读数示例

　　1）读整数。在尺身上读出位于游标"0"刻线左边的整数值为 20 mm。

　　2）读小数。找出游标中与主尺对齐的刻线，用游标上与主尺刻线对齐的刻线格数乘以游标卡尺的测量精度值，即 9×0.02 mm=0.18 mm。

　　3）被测尺寸。将上述两项读数值相加，即被测尺寸为 20 mm+0.18 mm=20.18 mm。

　　2. 图 1-20 所示为半径样板，观看半径样板的结构与工作原理演示动画 📺，说明其用途。

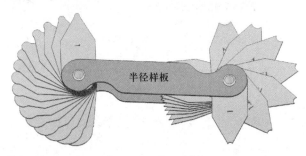

图 1-20　半径样板

　　半径样板通常包括凸面圆弧样板和凹面圆弧样板两类，其中凸面圆弧样板用于测量内圆弧面，凹面圆弧样板用于测量外圆弧面。

学习活动 4　制作开瓶器并检验

学习目标

1. 能应用划线工具在毛坯上划出开瓶器加工轮廓线。

2. 能正确使用常用工具（手锯、麻花钻、錾子等）去除工件余料。

3. 能正确使用台虎钳夹紧工件。

4. 能正确选用锉刀加工不同轮廓形状。

5. 能规范使用游标卡尺、半径样板对开瓶器进行检测，并准确记录测量结果。

6. 能对台虎钳、手锯、锉刀、台式钻床进行维护保养，按现场 6S 管理的要求清理现场。

7. 能在作业过程中严格执行企业操作规范、安全生产制度、环保管理制度以及 6S 管理规定，严格遵守从业人员的职业道德，具有吃苦耐劳、爱岗敬业的工作态度和职业责任感。

8. 能与班组长、工具管理员等相关人员进行有效的沟通与合作。

建议学时：12 学时。

学习过程

一、加工准备

1. 熟悉工作环境

了解钳工车间和工作区的范围和限制，了解企业对安全生产事故隐患的预防措施。

2. 领取并检查工、量、刃具

领取并检查工、量、刃具的状况及功能，填写工、量、刃具清单（表 1-9）。

表1-9 工、量、刃具清单

序号	名称	规格	数量	备注
1				
2				
3				
4				
5				
6				
7				
8				
9				
10				
11				
12				
13				
14				
15				
16				

3．领取毛坯料

领取毛坯料，并测量毛坯外形尺寸，判断毛坯是否有足够的加工余量。

二、加工过程

1．划线

为保证加工出符合设计要求的开瓶器，要先利用划线工具在毛坯上划出开瓶器的轮廓作为加工界线。

（1）划线前需要准备哪些工、量、辅具？

工具准备：划针、划规、样冲、锤子。

量具准备：钢直尺、游标卡尺。

辅具准备：蓝油、毛刷、木板（与毛坯等厚）等。

（2）观看开瓶器的划线演示动画，简述开瓶器的划线步骤。

清理毛坯上的锈迹，用蓝油涂色，晾干后进行划线。

1）根据图1-1所示尺寸，应用钢直尺和划针划出水平和垂直基准线，划出左端 ϕ9 mm 圆、R6 mm 圆弧中心线，划右端 R6 mm、R3 mm、R24 mm 圆弧中心线，并在各中心上用样冲冲出中心冲眼。

2）用划规划出左端 ϕ9 mm 圆和两个 R6 mm 圆，并根据圆弧相切画法划出 R5 mm 圆弧。

3）用划规划出右端 ϕ48 mm 圆、两个 R6 mm 圆、两个 R3 mm 圆和 R24 mm 圆弧，根据圆弧相切画法划出 R5 mm 圆弧，并划出开瓶器开口处其他直线段。

4）借料划出与左端 R6 mm 圆弧和右端 ϕ48 mm 圆相切的 R120 mm 圆弧。

5）根据毛坯料的大小，应用划针和钢直尺划出去除大部分余料的锯削线。

6）复核划线的正确性，包括尺寸、位置等。

2．去除余料

（1）用划线工具划出开瓶器的加工界线后，要用钻削、錾削、锯削等方法来去除余料。拟选用哪几种去除余料的方法来去除主要加工余量？

先用手锯锯掉大部分外部余料，然后用麻花钻钻开瓶器上的 ϕ9 mm 孔及开口处的 R3 mm、R6 mm 孔，并用 ϕ3 mm 的麻花钻对内部封闭余料钻排孔，最后用扁錾将内部封闭余料切割下来。

（2）锯削

1）锯削前应准备哪些工具？

台虎钳、手锯（配细齿锯条）。

2）开瓶器属于薄板，工件应如何装夹？

锯削线与钳口平齐，将工件装夹到台虎钳上。

3）图1-21所示为薄板锯削示意图，按此方式沿锯削线锯掉余料。锯削时应注意哪些问题？

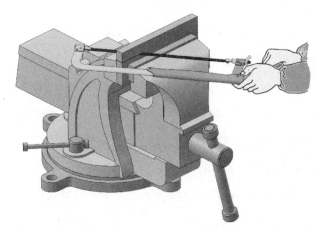

图1-21　薄板锯削

答：锯削时，手锯横向斜锯，使锯齿与薄板接触齿数增加，避免锯齿崩裂。

（3）钻削

1）钻削前应准备哪些工具？

钻夹头，钻夹头钥匙，$\phi 3\,mm$、$\phi 6\,mm$、$\phi 9\,mm$、$\phi 12\,mm$直柄麻花钻。

2）简述钻削步骤。

①将$\phi 6\,mm$钻头柄塞入钻夹头的三个卡爪内，夹持长度不能小于$15\,mm$，然后用钻夹头钥匙旋转外套，使环形螺母带动三个卡爪移动，进行夹紧。

②将钻夹头锥柄装入钻床主轴锥孔中。

③将工件装夹到工作台上，装夹时工件底部要垫垫块，避免钻孔时钻削工作台。钻孔时，先使钻头对准钻孔中心，钻出一浅坑，观察钻孔位置是否正确，并不断校正，使起钻浅坑与划线圆同轴。当起钻达到钻孔的位置要求后，夹紧工件完成钻孔，钻孔时用毛刷加注乳化液。手动进给操作钻孔时，进给力不宜过大，防止钻头发生弯曲，使孔歪斜。孔将钻穿时，进给力必须减小，以防进给量突然过大，增大切削抗力，造成钻头折断，或使工件随钻头转动造成事故。

④钻孔完毕，退出钻头。

⑤按上述方法钻$\phi 9\,mm$、$\phi 12\,mm$孔，以及$\phi 3\,mm$去料排孔。

（4）錾削

1）錾削前应准备哪些工具？

扁錾、锤子。

2）简述錾削步骤。

将工件装夹到台虎钳上（或放在平板垫铁上），用扁錾将开瓶器开口处余料沿去料排孔切割下来。切割时，锤击力度要小。

（5）锉削

1）为了使制作的开瓶器轮廓尺寸符合设计的尺寸要求，提高其表面质量，需要对其表面进行锉削，即用锉刀对工件表面进行切削加工。锉刀按断面形状不同，分为扁锉、方锉、三角锉、圆锉、半圆锉、菱形锉、刀形锉等，适用于加工不同形状的加工表面，如图1-22所示。加工开瓶器应选择哪几种锉刀？

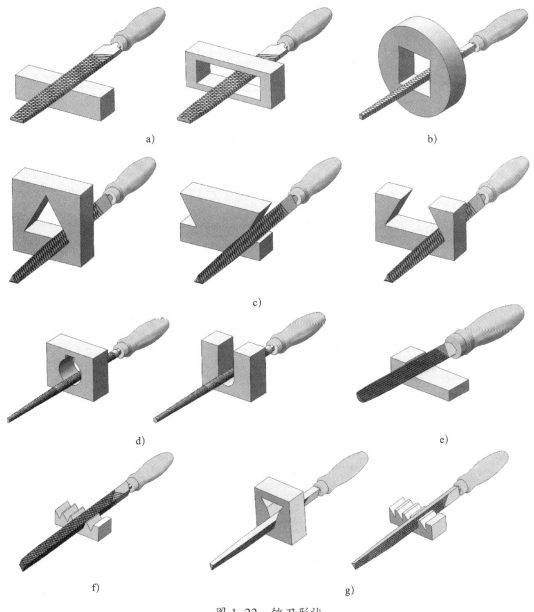

图1-22　锉刀形状

a）扁锉　b）方锉　c）三角锉　d）圆锉　e）半圆锉　f）菱形锉　g）刀形锉

扁锉（粗齿、细齿）、半圆锉（粗齿、细齿）、圆锉（细齿）。

2）简述锉削步骤。

①粗锉。将工件装夹在台虎钳上，应用粗齿扁锉和半圆锉锉削掉大部分余量。锉削过程中，要根据锉削

部位，不断地变化工件装夹部位，尽量使锉削面平行于台虎钳面。对于圆弧外轮廓面的锉削，尽量采用顺向锉和推锉。对于内轮廓面的锉削应尽量采用顺向锉。

②精锉。应用细齿扁锉、细齿半圆锉和细齿圆锉精锉各轮廓面。

③检测和修整。应用半径样板检测各圆弧形状并进行修整，满足尺寸和加工质量要求。

三、检测

按表1-10中项目和技术要求，规范检测开瓶器加工质量。

表1-10　　　　　　　　　　　　　　　开瓶器质量检测表

序号	名称	配分	项目和技术要求	评分标准	检测记录	得分
1	主要尺寸（50分）	4	24 mm	超差不得分		
2		4	ϕ48 mm	超差不得分		
3		4	R24 mm	超差不得分		
4		2×4	R5 mm（凸弧，2处）	超差不得分		
5		2×4	R6 mm（凹弧，2处）	超差不得分		
6		2×4	R120 mm（凹弧，2处）	超差不得分		
7		2×3	R6 mm（凸弧，2处）	超差不得分		
8		4	R5 mm（凹弧）	超差不得分		
9		4	ϕ9 mm	超差不得分		
10	次要尺寸（25分）	4	92 mm	超差不得分		
11		2×3	16 mm（2处）	超差不得分		
12		3	14 mm	超差不得分		
13		3	18 mm	超差不得分		
14		2×3	R3 mm（凹弧，2处）	超差不得分		
15		3	6 mm	超差不得分		
16	表面粗糙度（10分）	10×1	Ra3.2 μm（仅检测10处表面）	降级不得分		
17	主观评分（10分）	3.5	已加工零件倒角、倒圆、倒钝、去毛刺是否符合图样要求			
18		3.5	已加工零件是否有划伤、碰伤和夹伤			
19		3	已加工零件与图样要求的一致性以及其余表面粗糙度			
20	更换添加毛坯（5分）	5	是否更换添加毛坯	是 / 否		
21	职业素养	扣分	能正确穿戴工作服、工作鞋、安全帽和护目镜等劳动防护用品。每违反一项扣2分			
22			能规范使用设备、工具、量具和辅具。每违反一次扣2分			
23			能做好设备清洁、保养工作。不清洁、不保养扣3分；清洁保养不彻底扣2分			
	总配分	100		总得分		

四、清理现场、归置物品

完成开瓶器的制作后，按照现场管理 6S 规范要求，保养工、量具，清理现场，合理归置物品，并回答以下问题。

1．钻床日常维护保养工作的内容有哪些？检查对钻床所做的维护保养工作是否到位。

钻床日常维护保养工作的内容有班前用棉纱擦净外露导轨面及工作台面上的灰尘油污，按规定在润滑部位加注润滑油，检查各手柄位置是否正确；班后将铁屑全部清扫干净，擦净机床各个部位，将各运动部位退回到初始位置。

2．台虎钳的日常维护保养工作的内容有哪些？

将台虎钳的活动钳身旋出，与固定钳身分离，清除内部杂物，并在丝杠、螺母和其他活动表面上加油润滑，保持清洁，防止锈蚀。

3．合理使用和保养锉刀可以延长锉刀的使用期限，避免因为使用、保养不当而使其过早损坏，那么应如何正确保养和使用锉刀呢？

（1）不可用锉刀锉毛坯件的硬皮或氧化皮以及经过淬硬的工件，否则锉齿很容易磨损。

（2）锉刀应先用一面，一面用钝后再用另一面。因为用过的锉刀面容易锈蚀，两面同时使用，将缩短总的使用期限。

（3）锉刀每次使用完毕，应用锉刷刷去锉纹中残留的铁屑，以免生锈腐蚀锉刀。使用过程中发现铁屑嵌入锉纹，要及时别除。

（4）锉刀放置时不能与其他锉刀互相重叠堆放，以免锉齿损坏。

（5）防止锉刀沾水、沾油，以防锈蚀和锉削时打滑。

（6）不能把锉刀当作装拆工具，若用来敲击或撬动其他物件很易损坏。

（7）使用整形锉时，用力不可过猛，以免锉刀折断。

4．所用量具应如何维护和保养？

（1）测量前应将量具测量面和工件被测量面擦净，以免污物影响测量精度和加快量具磨损。

（2）在使用过程中，量具不要和工具放在一起，以免被碰坏。

（3）机床在运转时，不要用量具测量工件，否则会加快量具磨损，而且容易发生事故。

（4）温度对量具精度的影响很大，因此，量具不应放在热源（电炉、暖气片等）附近，以免受热变形。

（5）量具用完后，应及时擦净并涂油，放在专用盒中，保存在干燥处，以免生锈。

（6）精密量具应定期检查和保养，发现精密量具有不正常现象时，应及时送交计量室检修。

学习活动 5　工作总结与评价

　学习目标

> 1. 能自信地展示自己的作品，讲述自己作品的优势和特点。
>
> 2. 能倾听别人对自己作品的点评。
>
> 3. 能总结工作经验，优化加工策略。
>
> 建议学时：4 学时。

学习过程

1．以小组为单位派出代表介绍自己小组的优秀作品，通过作品展示，锻炼每一位小组成员的表达能力，同时提升自己的专业素养。

（1）选出组内评价较高的作品进行展示，并就作品实用性、工艺性和产品质量等内容做必要介绍，听取并记录其他小组对本组作品的评价和改进建议。

1）实用性

建议：开瓶器起开瓶作用的部分为头部内轮廓，教师引导学生从开瓶的效果来评价作品。

2）工艺性

建议：教师引导学生从开瓶器的实际加工工艺进行评价，并提出改进建议。

3）产品质量

尺寸精度：教师引导学生通过实际检测产品的尺寸来评价各尺寸的精度。

表面粗糙度：教师引导学生应用表面粗糙度比较样块来检测产品的表面粗糙度。

（2）所展示作品中有哪些部位存在尺寸缺陷和表面质量缺陷？简要分析是什么原因导致的，并总结出避免质量缺陷的加工建议。

1）质量缺陷

尺寸缺陷：内轮廓锉削较难，加上学生练习时间少，容易出现尺寸不合格的现象。教师引导学生从加工工艺、所用刀具、各项基本操作技能等方面总结产生尺寸缺陷的原因。

表面质量缺陷：内轮廓锉削较难，加上学生练习时间少，容易出现表面质量不合格的现象。教师引导学生从加工工艺、所用刀具、各项基本操作技能等方面总结产生表面质量缺陷的原因。

2）试简要分析造成质量缺陷的原因。

建议：教师引导学生主要从加工工艺、所用刀具、各项基本操作技能等方面分析造成质量缺陷的原因。

3）如果下次接到相似的任务，在加工过程中，应优化哪些加工策略？

建议：从加工工艺和各项基本操作技能等方面着手优化加工策略。

2．总结制作开瓶器的心得体会

（1）通过制作开瓶器，掌握了哪些钳工工艺知识？

建议：教师引导学生从划线、锯削、錾削、锉削、孔加工、检测等工艺知识方面着手，整理所掌握的钳工工艺知识。

（2）通过制作开瓶器，掌握了哪些钳工操作技能？

建议：教师引导学生从划线、锯削、錾削、锉削、孔加工、检测等操作技能方面着手，整理所掌握的钳工操作技能。

（3）按照本任务给定的加工工艺过程卡的加工顺序进行加工，对保障产品精度和质量有哪些意义？若变更加工顺序会产生怎样的影响？

建议：从制定加工顺序的目的和作用入手，引导学生回答问题。

3．总结加工工序、工时，填入表 1-11 并进行简单成本估算。

表 1-11　　　　　　　　　　　　成本估算

序号	加工内容	工时	成本测算项目			成本估算值
			设备	能源	辅料	
1						
2						
3						
4						
5						
6						
7						
8						
9						
10						

4．你在估算开瓶器的成本时，考虑人工费、管理费、税费了吗？如果要计算人工费、管理费、税费，开瓶器的成本应如何估算？重新估算后，把相关追加的成本因素写下来。

建议：在估算开瓶器的成本时，重点考虑材料费和人工费。在计算材料费时，让学生先计算毛坯的体积和质量（质量公式：$m=\rho V$），然后查询当地材料的价格，计算出材料的费用。人工费的估算要参考当地用人成本，然后结合开瓶器的制作时间进行估算。

 评价与分析

学习任务一评价表

项目	自我评价			小组评价			教师评价		
	10 ~ 9	8 ~ 6	5 ~ 1	10 ~ 9	8 ~ 6	5 ~ 1	10 ~ 9	8 ~ 6	5 ~ 1
	占总评10%			占总评30%			占总评60%		
学习活动 1									
学习活动 2									
学习活动 3									
学习活动 4									
学习活动 5									
协作精神									
纪律观念									
表达能力									
工作态度									
任务总体表现									
小计									
总评									

任课教师：　　　　年　月　日

任务拓展

制作U形板

一、工作情境描述

某企业需要制作30件如图1-23所示U形板，毛坯为65 mm×55 mm×8 mm板料，材料为45钢。生产技术部将该项生产任务安排给钳工组，U形板表面要求光洁、美观，无毛刺。

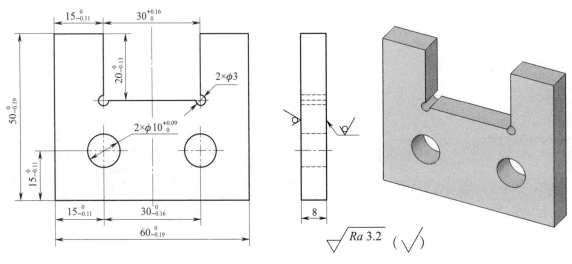

图 1-23　U形板

二、评分标准

按表1-12中项目和技术要求检测U形板尺寸是否合格。

表 1-12　　　　　　　　　U形板评分标准

序号	名称	配分	项目和技术要求	评分标准	检测记录	得分
1	主要尺寸（51分）	3×6	$15_{-0.11}^{0}$ mm（3处）	超差不得分		
2		6	$30_{-0.16}^{0}$ mm	超差不得分		
3		6	$20_{-0.13}^{0}$ mm	超差不得分		
4		7	$30_{0}^{+0.16}$ mm	超差不得分		
5		7	$50_{-0.19}^{0}$ mm	超差不得分		
6		7	$60_{-0.19}^{0}$ mm	超差不得分		
7	次要尺寸（24分）	2×5	$\phi3$ mm（2处）	超差不得分		
8		2×7	$\phi10_{0}^{+0.09}$ mm（2处）	超差不得分		

续表

序号	名称	配分	项目和技术要求	评分标准	检测记录	得分
9	表面粗糙度（10分）	10×1	Ra3.2 μm（10处）	降级不得分		
10	主观评分（10分）	3.5	已加工零件倒角、倒圆、倒钝、去毛刺是否符合图样要求			
11		3.5	已加工零件是否有划伤、碰伤和夹伤			
12		3	已加工零件与图样要求的一致性以及其余表面粗糙度			
13	更换添加毛坯（5分）	5	是否更换添加毛坯	是 / 否		
14	职业素养	扣分	能正确穿戴工作服、工作鞋、安全帽和护目镜等劳动防护用品。每违反一项扣2分			
15			能规范使用设备、工具、量具和辅具。每违反一次扣2分			
16			能做好设备清洁、保养工作。不清洁、不保养扣3分；清洁保养不彻底扣2分			
	总配分	100		总得分		

世赛知识

钳加工在世赛工业机械装调项目中的应用

工业机械装调项目在第 43 届世界技能大赛中被列为竞赛项目。该项目主要以企业对工业机械设备制造、改进、维护、维修等岗位的能力要求为基础，运用机械加工、装配调试、检测等技能以及机械结构、机械传动原理、电气控制原理等方面的专业知识，进行设备或自动化系统的拆卸、加工、安装、检测、维护、维修、调试等工作。参赛选手需根据竞赛要求及现场提供的设备、材料、工具等独立完成零件的机械加工、焊接加工、零部件的装配调试、电气检测等比赛内容。

工业机械装调项目比赛共设置机械加工、焊接加工、齿轮箱（泵）检测与维护、机械装配与调试、电气检测 5 个模块，赛程为 4 天，累计比赛时间约 20 小时。该竞赛项目需要选手具备车工、铣工、钳工、焊工、电工 5 个工种的技能，属于技能复合程度较高的竞赛项目。

钳加工是工业机械装调项目中的基本考核技能，参赛选手需要应用钳加工技能，在竞赛中完成小型单件的手工加工，如锯削、锉削、钻孔、铰孔、攻螺纹、精度检测等操作，同时，零件的装配与调试也属于钳加工范畴。图 1-24 所示为该项目第 45 届世界技能大赛中国集训队训练样题（手动擀面机）。

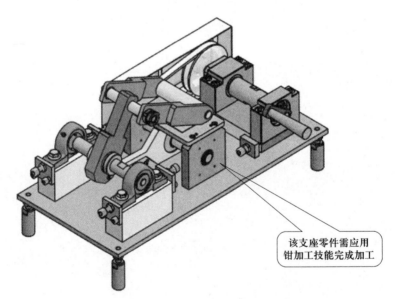

该支座零件需应用钳加工技能完成加工

图 1-24　第 45 届世界技能大赛中国集训队训练样题（手动擀面机）

学习任务二 錾口手锤的制作

1. 能在班组长等相关人员指导下，正确阅读生产任务单，明确生产任务和工作要求。

2. 能借助技术手册，查阅錾口手锤的材料牌号、制图、热处理和几何公差等知识，理解技术手册在生产中的重要性。

3. 能识读錾口手锤的零件图，描述錾口手锤的形状、尺寸、表面粗糙度、公差、材料等信息，指出各信息的意义。

4. 能正确识读錾口手锤工艺过程卡，明确加工步骤和方法。

5. 能根据錾口手锤工艺过程卡绘制工序简图。

6. 能正确设计锯、锉长方体的加工步骤。

7. 能正确选择錾口手锤头部余量的去除方法。

8. 能识别錾口手锤上的螺纹种类，正确选择内螺纹加工方法。

9. 能正确掌握攻螺纹的操作方法。

10. 能了解钢的常用整体热处理方法及目的。

11. 能了解钳工车间和工作区的范围和限制，了解企业在车间环境、安全、卫生和事故预防方面的措施。

12. 能检查工作区、设备、工具和材料的状况和功能。

13. 能根据錾口手锤的加工工艺，完成錾口手锤的制作。

14. 能应用外径千分尺、刀口尺、直角尺等量具检测工件的尺寸精度和几何精度。

15. 能对台虎钳、手锯、锉刀、台式钻床进行维护保养，按现场6S管理的要求清理现场。

16. 能总结工作经验，优化加工策略。

17. 能在作业过程中严格执行企业操作规范、安全生产制度、环保管理制度以及6S管理规定，严格遵守从业人员的职业道德，具有吃苦耐劳、爱岗敬业的工作态度和职业责任感。

18. 能与班组长、工具管理员等相关人员进行有效的沟通与合作，了解有效沟通和团队合作的重要性。

建议学时

40 学时。

工作情境描述

某企业装配线上由于特殊的装配需要，需定制 30 件錾口手锤（图 2–1），毛坯为 ϕ30 mm×90 mm 棒料，材料为 45 钢。手锤由凹凸圆弧面、锥体、长方体、倒角和螺纹孔等要素组成，加工时应控制轮廓精度为 IT12，表面粗糙度为 Ra3.2 μm，尺寸精度为 IT8 ～ IT10，加工过程中应保证螺纹孔的位置精度。生产主管计划由钳工组完成加工任务。观看微课 ，了解学习任务内容。

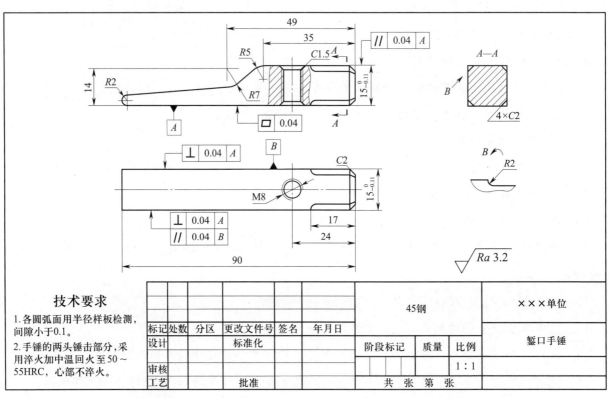

技术要求

1. 各圆弧面用半径样板检测，间隙小于0.1。
2. 手锤的两头锤击部分，采用淬火加中温回火至 50 ～ 55HRC，心部不淬火。

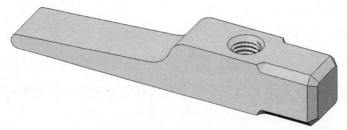

图 2–1　錾口手锤

工作流程与活动

1. 接受工作任务（4学时）

2. 确定加工步骤和方法（14学时）

3. 制作錾口手锤并检验（18学时）

4. 工作总结与评价（4学时）

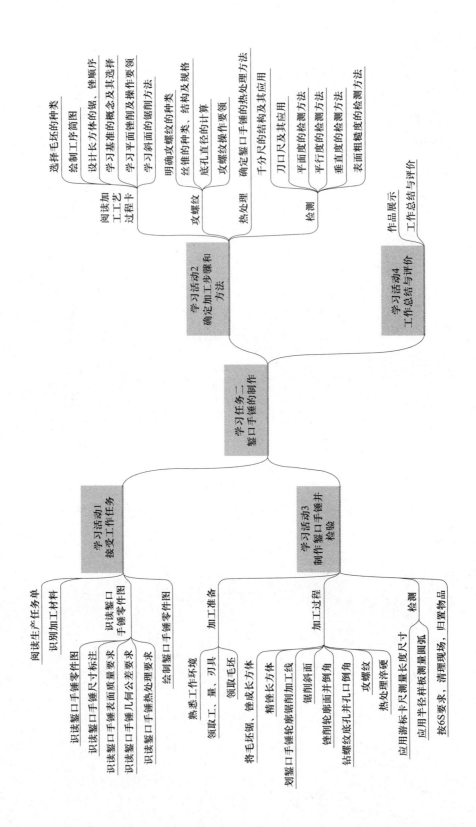

学习任务二
錾口手锤的制作

学习活动1
接受工作任务

阅读生产任务单
识别加工材料
识读錾口手锤零件图
识读錾口手锤尺寸标注
识读錾口手锤表面质量要求
识读錾口手锤零件图
识读錾口手锤几何公差要求
识读錾口手锤的热处理要求
绘制錾口手锤零件图

学习活动2
确定加工步骤和
方法

阅读加工艺过程卡
选择毛坯的种类
绘制工序简图
设计长方体的锯、锉顺序
学习基准的概念及其选择
学习平面锉削及操作要领
学习平面斜面的锯削方法

攻螺纹
明确攻螺纹的种类
丝锥的种类、结构及规格
底孔直径的计算
攻螺纹操作要领

热处理
确定錾口手锤的热处理方法

检测
千分尺及其结构及其应用
刀口尺及其应用
平面度的检测方法
平行度的检测方法
垂直度的检测方法
表面粗糙度的检测方法

学习活动4
工作总结与评价

作品展示
工作总结与评价

学习活动3
制作錾口手锤并
检验

加工准备
熟悉工作环境
领取工、量、刃具
领取长方体

加工过程
将毛坯锯、锉成长方体
精锉长方体
划錾口手锤轮廓锯削加工线
锯削斜面
锉削轮廓并倒角
钻螺纹底孔并孔口倒角
攻螺纹
热处理淬硬

检测
应用游标卡尺测量长度尺寸
应用半径样板测量圆弧
按6S要求、清理现场、归置物品

学习活动1 接受工作任务

学习目标

1. 能在班组长等相关人员指导下，正确阅读生产任务单，明确生产任务和工作要求。

2. 能借助技术手册，查阅錾口手锤所用材料的牌号、用途及其性能。

3. 能识读錾口手锤的零件图，描述錾口手锤的形状、尺寸、表面粗糙度、公差、材料等信息，指出各信息的意义。

建议学时：4学时。

学习过程

一、阅读生产任务单（表2-1）

表2-1   錾口手锤生产任务单

单　　号：			开单时间：　　　年　　月　　日　　时		
开单部门：			开单人：		
接单人：　　　　部　　　　组			签　　名：		
以下由开单人填写					

序号	产品名称	材料	数量	技术标准、质量要求
1	錾口手锤	45钢	30	按图样要求
2				
3				
4				

续表

任务细则	1. 到仓库领取相应的材料 2. 根据现场情况选用合适的工、量具和设备 3. 根据加工工艺进行加工，交付检验 4. 填写生产任务单，清理工作场地，完成工、量具和设备的维护保养		
任务类型	☑钳加工	完成工时	40 h

以下由开单人填写

领取材料		仓库管理员（签名）	
领取工、量具			年　　月　　日
完成质量 （小组评价）		班组长（签名）	年　　月　　日
用户意见 （教师评价）		用户（签名）	年　　月　　日
改进措施 （反馈改良）			

注：生产任务单与零件图样、工艺过程卡一起领取。

1. 在班组长等相关人员指导下，阅读生产任务单，将零件名称、制作材料、零件数量和完成时间填入表 2-2。

表 2-2　　　　　　　　　　生产任务

零件名称	錾口手锤	制作材料	45 钢
零件数量	30	完成时间	40 h

2. 錾口手锤由哪个生产班组进行加工？

錾口手锤由钳工组进行加工。

二、了解錾口手锤所用材料的牌号、性能及用途

由生产任务单（表 2-1）可知制作錾口手锤的材料为 45 钢。借助技术手册，查阅 45 钢的牌号、用途及其性能。

1．45 钢是一种常见优质碳素结构钢，优质碳素结构钢的牌号是如何定义的？ 45 钢的含碳量是多少？

优质碳素结构钢的牌号用两位数字表示，这两位数字表示该钢平均含碳量的万分数。"45"表示平均含碳量为 0.45% 的优质碳素结构钢。

2．45 钢具有怎样的力学性能？

国家标准《优质碳素结构钢》（GB/T 699—2015）规定，45 钢的抗拉强度为 600 MPa，屈服强度为 355 MPa，断面伸长率为 16%，断面收缩率为 40%。

3．45 钢具有怎样的特性和用途？

45 钢属于中碳钢，具有一定的塑性和韧性、较高的强度、良好的切削性能，采用调质可获得很好的综合力学性能。45 钢主要用于制造受力较大的机械零件，如连杆、曲轴、齿轮和联轴器等。

三、分析零件图样，明确加工尺寸要求

1．錾口手锤的零件图主要应用了几个视图来表达零件的几何特性？ 各视图分别表达了錾口手锤的哪些几何特性？

錾口手锤零件图使用了主视图、俯视图和 A—A 剖视图来表达其主要特征。通过识读主视图可以了解錾口手锤的基本形状、錾口和中间圆弧的大小及圆心位置、孔的形状等信息；通过识读俯视图可以了解錾口手锤的长度、倒角的长度以及孔的位置尺寸等信息；通过识读 A—A 剖视图可以了解錾口手锤锤体的断面形状以及棱边倒角的大小。

2．将机件向不平行于基本投影面的平面投射所得的视图称为斜视图。图 2-1 中 B 向视图为斜视图，它主要表达錾口手锤的哪部分结构？怎样识读斜视图？

图 2-1 中的 B 向斜视图主要表达了锤体倒角尾部圆弧的大小。

斜视图常用于表达零件上的倾斜结构。画出倾斜结构的实形后，零件的其余部分不必画出，在适当位置用波浪线或双折线断开即可。斜视图的配置和标注与向视图的规定一致，必要时允许将斜视图旋转配置。此时应按向视图标注，且加注旋转符号。旋转符号为半径等于字体高度的半圆弧，表示斜视图名称的大写拉丁字母靠近旋转符号的箭头端。

3．图 2-1 所示 "4×C2" 的尺寸标注表示什么含义？

字母 "C" 是 45° 倒角的简化形式，"C2" 表示 2 mm×45°。"4×C2" 表示锤体 4 个棱边的倒角都是 2 mm×45°。

4．图 2-1 所示的 $15_{-0.11}^{0}$ mm 上、下极限尺寸分别为多少？这样标注尺寸的意义是什么？

上极限尺寸为 15.00 mm，下极限尺寸为 14.89 mm。

极限尺寸是尺寸要素允许的尺寸的两个极端，分为上极限尺寸和下极限尺寸。上极限尺寸是指尺寸要素允许的最大尺寸，下极限尺寸是指尺寸要素允许的最小尺寸，合格零件的测量尺寸应在上极限尺寸和下极限尺寸之间，也可等于极限尺寸。零件的测量尺寸大于上极限尺寸或小于下极限尺寸，该零件就不合格。

5．图 2-1 所示的符号 M8 表示什么含义？

图 2-1 中的符号 M8 表示普通三角形粗牙螺纹，其牙型角为 60°，螺距为 1.25 mm。

6．图 2-1 所示的符号 $\boxed{A}$、$\boxed{B}$ 表示设计时在图样上所选定的基准，称为设计基准。解释基准符号所代表的意义。

基准符号由一个方框和一个涂黑的等边三角形用细实线连接而成，在基准方框内标注表示基准的字母。

7．图 2-1 除包含基本的尺寸信息外，还包含了平行度、平面度和垂直度等几何公差信息。说明下列代号的具体含义。

（1）$\boxed{// \; 0.04 \; A}$ 表示：

"//" 表示平行度符号。平行度是限制被测要素（平面或直线）相对于基准要素（平面或直线）在平行方向上变动全量的一项指标，用来控制被测要素相对于基准要素在平行方向偏离的程度。图 2-1 中的 $\boxed{// \; 0.04 \; A}$ 表示錾口手锤上平面应限定在间距等于 0.04 mm 且平行于基准平面 A 的两平行平面之间。

（2）$\boxed{\square \; 0.04}$ 表示：

"□" 表示平面度符号。平面度是指单一实际平面所允许的变动全量。图 2-1 中的 $\boxed{\square \; 0.04}$ 表示被测錾口手锤平面 A 的平面度误差应限定在间距等于 0.04 mm 的两平行平面之间。

（3）$\boxed{\perp \; 0.04 \; A}$ 表示：

"⊥" 表示垂直度符号。垂直度是限制被测要素（平面或直线）相对于基准要素（平面或直线）在垂直方向上变动全量的一项指标，用来控制被测要素相对于基准要素的方向偏离 90° 的程度。图 2-1 中的 $\boxed{\perp \; 0.04 \; A}$ 表示錾口手锤前后面应限定在间距等于 0.04 mm 且垂直于基准平面 A 的两平行平面之间。

8．图 2-1 所示的符号 $\sqrt{}^{Ra\,3.2}$ 为表面结构代号。说明该代号所表示的具体含义。

表面结构的基本图形符号为 $\sqrt{}$，是由两条不等长且成 60° 夹角的直线构成的，仅用于简化代号标注，不能单独使用。扩展图形符号有 $\sqrt{}$ 和 $\sqrt{}$ 两种。前者是在基本图形符号上加一短横，表示指定表面用去除材料的方法获得，如通过机械加工获得的表面；后者在基本图形符号上加一圆圈，表示指定表面用非去除材料的方法获得。完整图形符号为 $\sqrt{}$、$\sqrt{}$、$\sqrt{}$，当要求标注表面结构特征的补充信息时，应在图形符号的长边上加一横线。注写了表面结构参数或其他有关要求后的表面结构符号称为表面结构代号。$\sqrt{}^{Ra\,3.2}$ 表示表面用去除材料的方法获得，轮廓算术平均偏差 Ra 的单向上限值为 3.2 μm。

9．如图 2-1 所示，为何 $\sqrt{}^{Ra\,3.2}$ 没有标注在零件加工表面上，而是放在了标题栏的上方？

国家标准规定，当多个表面具有相同的表面结构要求时，可将表面结构代号统一标注在标题栏附近，$\sqrt{}^{Ra\,3.2}$ 表示图中未标注表面结构代号的表面均用去除材料的方法获得，其轮廓算术平均偏差 Ra 的单向上限值为 3.2 μm。

10．在零件图的技术要求中有一项是"淬火加中温回火至 50～55HRC"，查阅技术手册，说明淬火加中温回火的含义。

淬火是将钢件加热到奥氏体化后以适当方式冷却，获得马氏体或（和）下贝氏体组织的热处理工艺。淬火可以显著提高钢的强度和硬度，是赋予钢材料最终性能的工序。回火是指将淬火后的钢重新加热到 Ac_1 点以下的某一温度，保温一定时间，然后冷却到室温的热处理工艺。

四、绘制图形

为了进一步熟悉錾口手锤的图样信息，按照原图抄画錾口手锤零件图。（可附图纸，粘贴于此）

学习活动 2　确定加工步骤和方法

学习目标

1. 能正确识读錾口手锤工艺过程卡，明确加工步骤和方法。

2. 能根据錾口手锤工艺过程卡绘制工序简图。

3. 能正确设计锯、锉长方体的加工步骤。

4. 能正确设计长方体的精锉顺序，并能正确选择平面的锉削方法。

5. 能正确选择錾口手锤头部余量的去除方法。

6. 能识别錾口手锤上的 M8 螺纹的种类，正确选择内螺纹加工工具。

7. 能识别丝锥的标记符号，并能根据加工材料确定攻螺纹前的底孔直径。

8. 能正确掌握攻螺纹的操作方法。

9. 能了解钢的常用整体热处理方法及目的。

10. 能规范应用外径千分尺、刀口尺、直角尺等量具检测工件的尺寸精度和几何精度。

建议学时：14 学时。

学习过程

一、阅读加工工艺过程卡

阅读錾口手锤加工工艺过程卡（表 2-3），回答下列问题。

表 2-3　　　　　　　　　　　　　　　　　　錾口手锤加工工艺过程卡

机械加工工艺过程卡			产品型号			零（部）件图号					
			产品名称			零（部）件名称		錾口手锤	共　页		第　页

材料牌号	45 钢	毛坯种类	棒料	毛坯外形尺寸	ϕ 30 mm × 90 mm	每件毛坯可制件数	1	每台件数		备注	

工序号	工序名称	工序内容	车间	工段	设备	工艺装备	工时	
							单件	最终
1	将毛坯锯、锉成长方体	将 ϕ 30 mm × 90 mm 棒料锯、锉成 16 mm × 16 mm × 90 mm 的长方体	钳加工		平台、V 形架	划针、钢直尺、游标卡尺、游标高度卡尺、手锯、扁锉		
2	精锉长方体	将 16 mm × 16 mm × 90 mm 的长方体锉成 15 mm × 15 mm × 90 mm 的长方体	钳加工		台虎钳	扁锉、刀口形直尺、直角尺		
3	划线	划 R2 mm 圆弧面、R7 mm 圆弧面、R5 mm 圆弧面、斜面、倒角等轮廓加工线，以及斜面锯削线	钳加工		平台	划针、划规、钢直尺、样冲、游标高度卡尺		
4	锯削斜面	沿锯削线锯削斜面	钳加工		台虎钳	手锯		
5	锉削轮廓面并倒角	锉 R2 mm、R7 mm、R5 mm、锥体等轮廓面并倒角	钳加工		台虎钳	扁锉、半圆锉、钢直尺、游标卡尺、半径样板		
6	钻螺纹底孔并孔口倒角	钻 ϕ 6.75 mm 螺纹底孔，并用 ϕ 12 mm 麻花钻对孔口倒角	钳加工		台钳	ϕ 6.75 mm 和 ϕ 12 mm 麻花钻		
7	攻螺纹	攻 M8 螺纹	钳加工		台虎钳	M8 丝锥、铰杠		
8	热处理	淬火加中温回火至 50 ~ 55HRC	热处理		电阻炉	钳子、防护手套		
9	检验	按图样尺寸进行检验	检验室		平台	钢直尺、游标卡尺、半径样板、刀口形直尺、直角尺		

						设计（日期）	审核（日期）	标准化（日期）	会签（日期）

标记	处数	更改文件号	签字	日期	标记	处数	更改文件号	签字	日期

1. 机械加工常用的毛坯有铸件、锻件、棒料和型材等，制作錾口手锤所用的毛坯为哪种？其尺寸是多少？

制作錾口手锤所用的毛坯为棒料，其尺寸为 ϕ 30 mm × 90 mm。

2．识读表 2-3，列出制作錾口手锤的工序，明确錾口手锤的加工步骤。

（1）将毛坯锯、锉成长方体。（2）精锉长方体。（3）划线。（4）锯斜面。（5）锉削轮廓面及倒角。（6）钻孔并倒角。（7）攻螺纹。（8）热处理。（9）检验。

3．在表 2-4 中绘制各工序简图。

表 2-4　　　　　　　　　　　　　　　　绘制工序简图

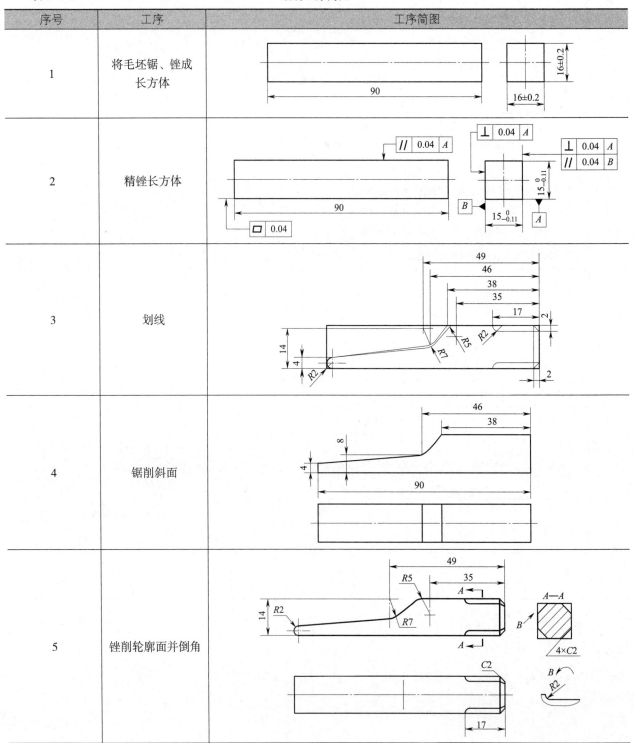

序号	工序	工序简图
1	将毛坯锯、锉成长方体	
2	精锉长方体	
3	划线	
4	锯削斜面	
5	锉削轮廓面并倒角	

续表

序号	工序	工序简图
6	钻螺纹底孔并孔口倒角	C1.5 φ6.75
7	攻螺纹	

4．工序1是将 φ30 mm×90 mm 棒料锯、锉成 16 mm×16 mm×90 mm 的长方体。因圆棒料两端面无须加工，故只考虑加工四个侧面。四个侧面的加工顺序如图 2-2 所示，试制定该工序具体加工步骤。

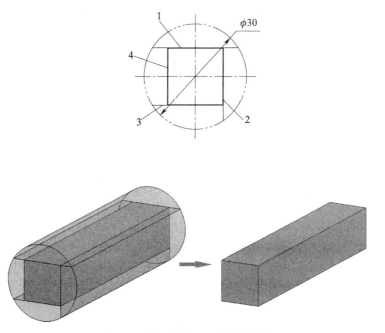

图 2-2　锯、锉加工顺序示意图

（1）划1面加工线。（2）锯、锉1面。（3）划2面加工线。（4）锯、锉2面。（5）划3、4面加工线。（6）锯、锉3面。（7）锯、锉4面。

5．工序2为精锉长方体的四个面，如图2-3所示。加工时，先选定基准面并精修，然后依次锉削侧面1、侧面2、平行面。为什么用加工过的表面作为精基准？精基准的选择原则有哪些？

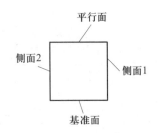

图 2-3　精锉加工顺序示意图

精基准选择考虑的重点是如何保证工件的加工精度，并使工件装夹准确、可靠、方便，以及夹具结构简单。选择精基准一般应遵循下列原则：

（1）基准重合原则。

（2）基准统一原则。

（3）自为基准原则。

（4）互为基准原则。

（5）便于装夹原则。

6．使用锉刀锉削平面的方法有顺向锉、交叉锉和推锉，阅读知识链接 并观看平面锉削操作视频 ，总结三种平面锉削方法的操作要领及应用，填到表2-5中。

表 2-5　　　　　　　　　　　　平面锉削的操作要领及应用

种类	操作图示	操作要领及应用
顺向锉		顺向锉是最常用的锉削方法。采用顺向锉时，锉刀的推进方向与工件夹持方向始终一致，面积不大的平面和最后锉光多采用这种方法。顺向锉可以得到整齐一致的锉痕，比较美观，精锉时常常采用

续表

种类	操作图示	操作要领及应用
交叉锉		交叉锉是指从两个交叉的方向交替对工件表面进行锉削的方法。锉刀与工件的接触面积大，锉刀运动时容易掌握平稳，能及时反映出平面度的情况，锉削效率较高。但在工件表面易留下交叉纹路，美观度相对顺向锉较差，因此一般多用于粗锉和半精锉
推锉		两手对称地横握住锉刀，两手尽可能靠近工件，这样可以减少锉刀的左右摆动量，用两拇指推动锉刀顺着工件长度方向进行推拉，适用于加工余量小、平面相对狭窄的工件或在修正尺寸时使用。推锉锉削效率较低

　　7．划线分为平面划线和立体划线，工序 3 属于哪类划线？为何 $R2$ mm 圆弧面、$R7$ mm 圆弧面、$R5$ mm 圆弧面、锥体、倒角等轮廓的划线放在锯削斜面之前？

　　工序 3 属于立体划线。$R7$ mm 圆弧的圆心可以通过长度尺寸 14 mm 和 49 mm 确定，并且圆心位于要去除的余料上，将划线放在锯削余料前，可以不需要借料就能划出该圆弧，因此 $R2$ mm、$R7$ mm、$R5$ mm、锥体、倒角等轮廓的划线应放在锯削斜面之前。

　　8．工序 4 为锯削斜面，应如何保证该工序加工质量？

　　锯削斜面时，先划出工件斜面的锯削加工线，然后使锯削加工线垂直于台虎钳的平面，工件夹牢后沿锯削加工线锯削。

二、攻螺纹

　　螺纹指的是在圆柱或圆锥母体表面上制出的螺旋线形的、具有特定截面的连续凸起部分。螺纹按其母体形状分为圆柱螺纹和圆锥螺纹；按其在母体所处位置分为外螺纹、内螺纹；按其截面形状（牙型）分为三角形螺纹、矩形螺纹、梯形螺纹、锯齿形螺纹及其他特殊形状螺纹。查阅机械制图等教材或咨询班组长等专业技术人员，回答下列问题。

1．錾口手锤上的 M8 螺纹按其母体形状属于哪种螺纹？按其在母体所处位置属于哪种螺纹？按其截面形状属于哪种螺纹？

錾口手锤上的 M8 螺纹属于内圆柱螺纹，按其牙型截面形状属于三角形螺纹。

2．图 2-1 所示 M8 螺纹是采用攻螺纹的方法加工的。查阅资料，写出攻螺纹的概念。

用丝锥在工件孔中切削出内螺纹的加工方法，称为攻螺纹。

3．丝锥是一种成形多刃刀具，丝锥的种类有手用丝锥、机用丝锥及管螺纹丝锥等，如图 2-4 所示。手用丝锥常用哪种材料制造？机用丝锥常用哪种材料制造？

图 2-4 丝锥

a）手用丝锥 b）机用丝锥 c）管螺纹丝锥

手用丝锥常用合金工具钢 9SiCr 制造。机用丝锥常用高速钢 W18Cr4V 制造。

4．丝锥由柄部和工作部分组成，工作部分由切削部分和校准部分组成。图 2-5 所示为丝锥结构图，查阅资料或咨询班组长，标出丝锥各组成部分的名称。

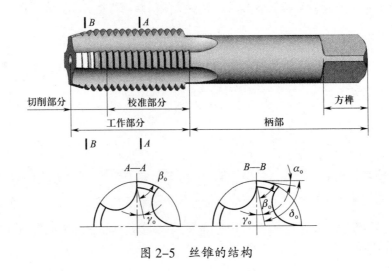

图 2-5 丝锥的结构

5．由于丝锥的种类、规格较多，弄清标记所代表的含义，对正确选择和使用丝锥是很有必要的。查阅资料，解释下列丝锥标记符号的含义。

（1）M10：粗牙普通螺纹丝锥，标注代号和公称直径。如M10，其含义为普通三角形螺纹，大径为10 mm，螺距为1.5 mm。

（2）M10×1：细牙普通螺纹丝锥，标注代号、公称直径和螺距。如M10×1，其含义为普通三角形螺纹，大径为10 mm，螺距为1 mm。

6．攻螺纹时，由于丝锥对金属层有较强的挤压作用，使攻出螺纹的小径小于底孔直径，因此攻螺纹之前底孔直径应稍大于螺纹小径。阅读知识链接 ，明确下列两种材料攻制螺纹时，其底孔直径应如何计算。

（1）攻制钢件或塑性较大的材料时，底孔直径的计算公式为：

$D_孔 = D - P$。

（2）攻制铸铁或塑性较小的材料时，底孔直径的计算公式为：

$D_孔 = D - (1.05 \sim 1.1)P$。

7．攻螺纹前要对底孔孔口进行倒角（通孔两端孔口都要倒角），且倒角处的直径应略大于螺纹公称直径，这是为什么？

是便于丝锥起攻时容易切入材料，并能防止孔口处被挤压出凸边。

8．阅读知识链接 ，回答下列问题。

（1）当丝锥的切削部分全部切入工件后，是否还要对丝锥施加压力？

当丝锥的切削部分全部切入工件后，只需转动铰杠即可，不能再对丝锥施加压力，否则螺纹牙型将被破坏。

（2）攻螺纹时，要经常正转1/2～1圈后，再倒转1/4～1/2圈，这是为什么？

攻螺纹时，要经常正转1/2～1圈后，再倒转1/4～1/2圈，使切屑断碎后容易排出，避免因切屑阻塞而使丝锥卡死。

三、热处理

钢的热处理是通过加热、保温和冷却的工艺方法使钢的内部组织结构发生变化，从而获得所需要性能的一种加工工艺。钢的常用整体热处理方法有退火、正火、淬火和回火。阅读知识链接 ，回答下列问题。

1．什么是退火？常用的退火方法有哪些？各有何目的？

退火是将钢件加热到适当温度，保温一定时间，然后缓慢冷却的热处理工艺。根据加热温度和目的不同，常用的退火方法有完全退火、去应力退火和球化退火等。完全退火的目的是细化晶粒，充分消除内应力，降低钢的硬度，为随后的切削加工和淬火做好组织准备。去应力退火的目的是消除内应力。球化退火的目的是降低硬度，便于切削加工，防止后期淬火加热时奥氏体晶粒粗大，减小工件的变形和开裂倾向，同时也可为最后的淬火处理做好组织准备。

2．什么是正火？正火的目的是什么？

正火是将钢件加热到 Ac_3（或 Ac_{cm}）以上 $30 \sim 50 \, ℃$，保温一定时间，出炉后在静止的空气中冷却的热处理工艺，其主要目的是：

（1）对力学性能要求不高的结构、零件，可用正火作为最终热处理，以提高其强度、硬度和韧性。

（2）对低、中碳素钢，可用正火作为预备热处理，以调整硬度，改善切削加工性。

（3）对过共析钢，正火可抑制渗碳体网的形成，细化晶粒，为球化退火做好组织准备。

（4）消除中碳结构钢经过铸造、锻造以及焊接等热加工后出现的粗大晶粒和带状组织等缺陷。

3．什么是淬火？淬火的目的是什么？

淬火是把钢件加热到相变温度以上，保温后，以大于临界冷却速度的冷却速度急剧冷却，以获得马氏体或（和）下贝氏体组织的热处理工艺。

淬火的主要目的是提高金属成材率或提高零件的力学性能。例如，提高工具、轴承等的硬度和耐磨性，提高弹簧的弹性极限，提高轴类零件的综合力学性能等。还可以改善某些特殊材料钢的物理性能或化学性能，如提高不锈钢的耐蚀性，增加磁钢的永磁性等。

4．什么是回火？回火的目的是什么？

回火是工件淬硬后加热到临界温度，即 Ac_1 以下的某一温度，保温一定时间，然后冷却到室温的热处理工艺。

回火一般安排在淬火后，其目的是：

（1）消除工件淬火时产生的残留应力，防止变形和开裂。

（2）调整工件的硬度、强度、塑性和韧性，使其达到使用性能要求。

（3）稳定工件的组织与尺寸，保证精度。

（4）改善和提高工件的加工性能。

5．回火时，由于回火温度决定钢的组织和性能，所以生产中一般以工件所需的硬度来决定回火温度。根据回火温度的不同，通常将回火分为哪三类？各类回火具体温度范围是多少？

根据回火温度的不同，通常将回火分为低温回火、中温回火和高温回火三类。低温回火的加热温度一般为 $150 \sim 250 \, ℃$，中温回火的加热温度一般为 $350 \sim 500 \, ℃$，高温回火的加热温度一般为 $500 \sim 650 \, ℃$。

四、检测

1．千分尺是一种应用螺旋测微原理制成的精密量具，可估读到毫米的千分位，故名千分尺。它的测量精度比游标卡尺高，因此，对于加工精度要求较高的工件尺寸，常用千分尺测量。千分尺有 $0 \sim 25 \, mm$、$25 \sim 50 \, mm$、$50 \sim 75 \, mm$、$75 \sim 100 \, mm$ 等规格。图 2-6 所示为钳工常用 $0 \sim 25 \, mm$ 外径千分尺，观看外径千分尺的结构与工作原理演示动画，标出各组成部分的名称。

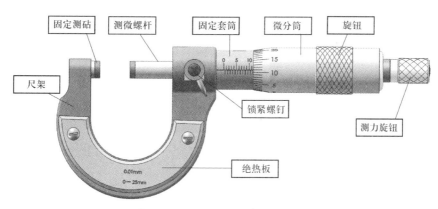

图 2-6　0 ～ 25 mm 外径千分尺

2．在外径千分尺上读取尺寸的方法如图 2-7 所示。观看千分尺的使用视频 ，并阅读知识链接 ，以图 2-7 为例，总结外径千分尺读数步骤。

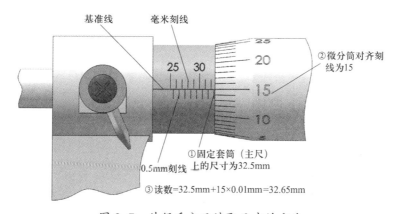

图 2-7　外径千分尺读取尺寸的方法

首先，读出微分筒边缘在固定套筒（主尺）上的整毫米数和半毫米数，图 2-7 所示的主尺尺寸为 32.5 mm。其次，看微分筒上哪一格与固定套筒上的基准线对齐，图 2-7 所示的微分筒尺寸为 15×0.01 mm= 0.15 mm。最后，把两个读数加起来，即为测量尺寸，图 2-7 所示外径千分尺的测量尺寸为 32.5 mm+0.15 mm= 32.65 mm。

3．检测平面度误差

（1）锉削工件时，由于锉削平面较小，其平面度通常采用刀口尺通过透光法来检测。图 2-8 所示为刀口尺，常用的规格有 75 mm、125 mm 和 175 mm。检测时，刀口尺应垂直放在工件被测表面上，在被测面的纵向、横向、对角方向多处逐一检查，以确定各方向的平面度误差，如图 2-9 所示。

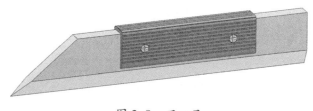

图 2-8　刀口尺

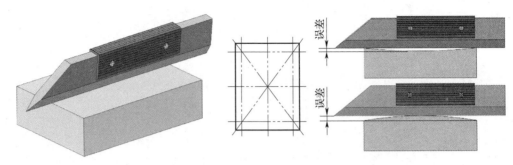

图 2-9　检测平面度误差

用刀口尺通过透光法来检测平面度误差会出现以下结果：

1）如果检测处从刀口尺与平面间透过来的光线微弱而均匀，表示此处比较___平直___。

2）如果检测处透过来的光线强弱不一，则表示此处有高低不平处，光线强的地方比较___低___，而光线弱的地方比较___高___。

（2）平面度具体误差值可用如图2-10所示的塞尺塞入检测。用塞尺检测时，应做两次极限尺寸的检查后，才能得出其间隙的数值。

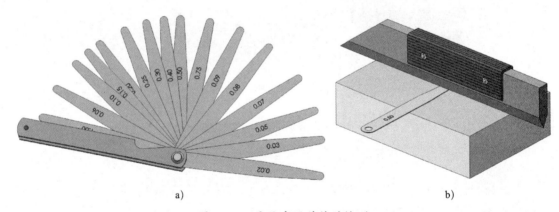

图 2-10　平面度误差值的检测
a）塞尺　b）用塞尺检测平面度具体误差值

对中凹平面，其平面度误差可取各检测部位中的___最大___值；对中凸平面，则应在两边塞入同样厚度的塞尺进行检查，其平面度误差可取各检测部位中的___最大___值。

4．检测平行度误差

以锉平的基面为基准，用游标卡尺或千分尺在不同点测量两平面间的厚度，根据读数确定该位置的平行度是否有误差。试简述千分尺的使用注意事项。

（1）使用前，应把千分尺的两个测量面擦干净，再校准零位。

（2）测量前，应把零件的被测量表面擦干净，以免影响测量精度。

（3）测量时，要使测微螺杆与零件被测量的尺寸方向一致。如测量外径时，测微螺杆要与零件的轴线垂直且通过零件中心。测量时，可在转动测力旋钮的同时，轻轻地晃动尺架，使测量面与零件表面接触良好。

（4）测量时，读取数值后，应反向转动微分筒，使测微螺杆端面离开零件被测表面，再将千分尺退出，这样可减少对千分尺测量面的磨损。如果必须取下读数，应用锁紧手柄锁紧测微螺杆后，再将千分尺轻轻滑出零件然后读数。

（5）在读取千分尺上的测量数值时，要特别留心不要多读或少读 0.5 mm。

（6）使用完毕要擦净千分尺测量面并涂上专用防锈油后置于盒内保管。

（7）使用有效期满后，要及时送到计量部门检修。

5．检测垂直度误差

当锉削平面与有关表面有垂直度要求时，一般采用直角尺检测，如图 2-11 所示。试简述垂直度误差的检测方法。

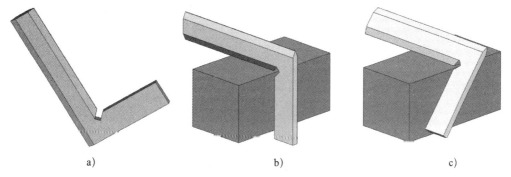

图 2-11　垂直度误差的检测
a）直角尺　b）正确检测方法　c）不正确检测方法

先将直角尺尺座的测量面紧贴工件的基准面，然后从上逐步轻轻向下移动，使直角尺的测量面与工件的被测表面接触，眼睛平视观察其透光情况，以此来判断工件被测面与基准面是否垂直。在同一平面上改变不同的检测位置时，不可在工件表面上拖动直角尺，以免将其磨损，影响直角尺本身的精度。

6．检测工件表面粗糙度

钳工常用样块比较法检测工件表面粗糙度。查阅资料并观看表面粗糙度比较样块的使用视频，简述样块比较法的概念及注意事项。

样块比较法是以表面粗糙度比较样块工作面上的表面粗糙度为标准，用视觉法或触觉法与被测表面进行比较，判定被测表面是否符合规定。用表面粗糙度比较样块进行比较检验时，表面粗糙度比较样块和被测表面的材质、加工方法应尽可能一致。

学习活动 3　制作錾口手锤并检验

 **学习目标**

1. 能了解车间和工作区的范围和限制，理解企业在环境、安全、卫生方面的标准。

2. 能检查工作区、设备、工具和材料的状况和功能。

3. 能利用划线、锯削、锉削等操作将圆棒料加工成长方体。

4. 能利用工艺基准保证长方体的几何公差要求。

5. 能正确划出錾口手锤头部和中间圆弧等轮廓加工线。

6. 能根据斜面锯削线完成斜面的锯削。

7. 能正确完成圆弧、斜面等轮廓的锉削加工。

8. 能应用台式钻床完成螺纹底孔钻削加工。

9. 能应用丝锥和铰杠手动完成 M8 螺纹的加工。

10. 能在技术人员的指导下，完成錾口手锤的淬火与回火处理。

11. 能规范使用游标卡尺、千分尺、刀口尺、直角尺、表面粗糙度比较样块等对錾口手锤进行检测，并准确记录测量结果。

12. 能对台虎钳、手锯、锉刀、台式钻床进行维护保养，按现场 6S 管理的要求清理现场。

13. 能在作业过程中严格执行企业操作规范、安全生产制度、环保管理制度以及 6S 管理规定，严格遵守从业人员的职业道德，具有吃苦耐劳、爱岗敬业的工作态度和职业责任感。

14. 能与班组长、工具管理员等相关人员进行有效的沟通与合作。

建议学时：18 学时。

学习过程

一、加工准备

1. 熟悉工作环境

了解钳工车间和工作区的范围和限制，了解企业对安全生产事故隐患的预防措施。

2. 领取并检查工、量、刃具

领取并检查工、量、刃具的状况及功能，填写工、量、刃具清单（表2-6）。

表 2-6 工、量、刃具清单

序号	名称	规格	数量	备注
1				
2				
3				
4				
5				
6				
7				
8				
9				
10				
11				
12				
13				
14				
15				
16				
17				
18				
19				
20				

3．领取并检查毛坯料

毛坯为 $\phi30\ mm\times90\ mm$ 的圆钢（两端面为车削面，无须加工）。

二、加工过程

1．将毛坯锯、锉成长方体

将 $\phi30\ mm\times90\ mm$ 的圆钢锯、锉成图 2-12 所示长方体。

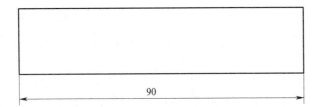
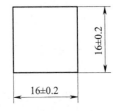

图 2-12　将毛坯料锯、锉成长方体

毛坯尺寸为 $\phi30\ mm\times90\ mm$，两端面为车削表面，故只考虑加工四个侧面。四个侧面的加工顺序如图 2-13 所示。图中双点画线表示要加工出的形状。

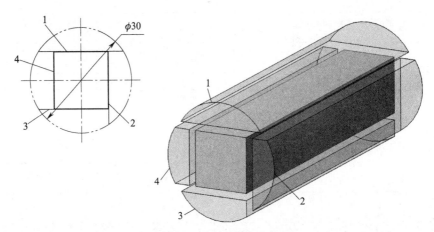

图 2-13　锯、锉加工步骤

每一个面的加工都应按照划线、锯削、锉削的步骤。将加工步骤填入表 2-7 中。

表 2-7 锯、锉长方体加工步骤

步骤	加工内容	图示
1	将毛坯放置在 V 形架上，用游标高度卡尺按高度 h 划第一加工面的加工线及锯削线，并打样冲眼 因为 $h=H-x$，$x=D/2-L/2$，其中 $D=30\ mm$，$L=16\ mm$ 所以 $h=H-(D/2-L/2)$ 　　　$=H-(30/2-16/2)\ mm$ 　　　$=H-7\ mm$	

步骤	加工内容	图示
2	将工件竖直装夹，使锯削线垂直于钳口，沿锯削线进行锯削，锯削到中间偏下时，将工件掉头装夹继续锯削，直到锯掉余料为止，锯削时保证尺寸 24 mm。再将工件水平装夹，使锯削面平行于钳口，用 300 mm 粗平板锉刀粗锉锯削面，保证尺寸 23 mm	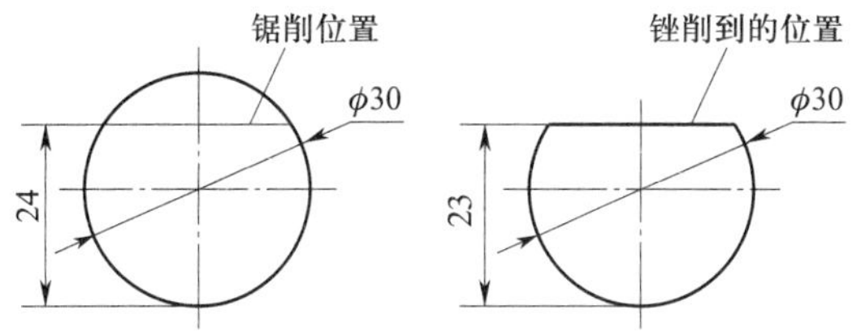 锯削位置　锉削到的位置　$\phi30$　24　23　$\phi30$
3	将工件放置在平板上，并以第一加工面靠住 V 形架端面，用游标高度卡尺量取高度 h=23 mm，划第二加工面的加工线及锯削线，打样冲眼 加工线高度尺寸 h=$D/2+L/2$=（30/2+16/2）mm=23 mm，锯削线高度尺寸为 24 mm	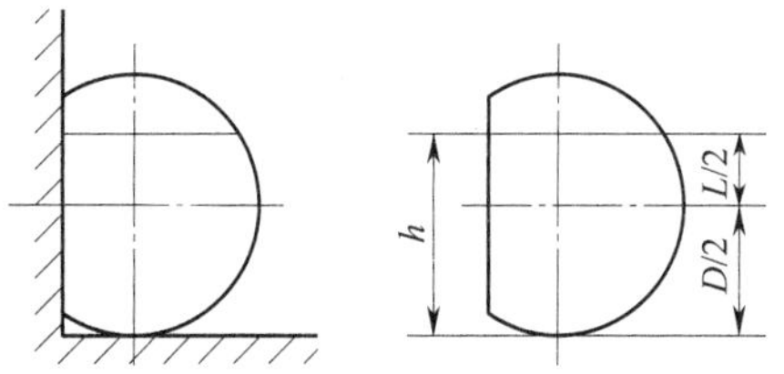 h　$D/2$　$L/2$
4	将第一加工面贴紧固定钳口，竖直装夹工件，使锯削线垂直钳口，沿锯削线锯削第二加工面，锯削方法同步骤 2。锯掉余料后，将第一加工面贴紧固定钳口，水平装夹工件，使第二加工面朝上，且与钳口平面平行，粗锉第二加工面	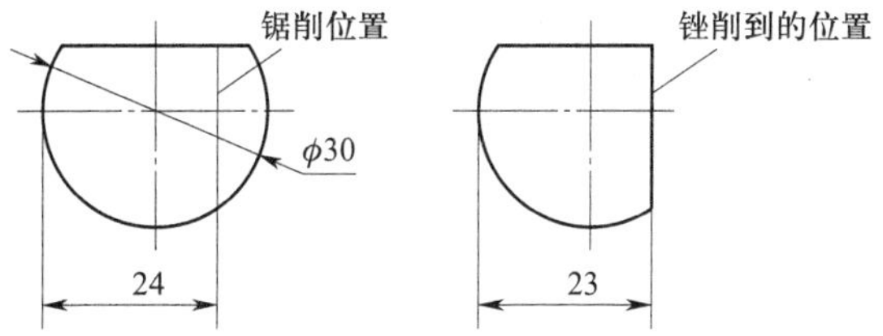 锯削位置　锉削到的位置　$\phi30$　24　23
5	将工件放置在平板上，用游标高度卡尺划第三、四加工面的加工线及锯削线，并打样冲眼	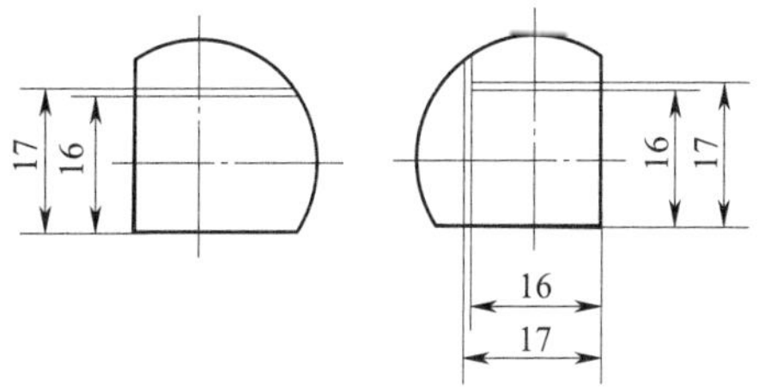 17　16　16　17　16　17
6	将第一加工面贴紧固定钳口，工件竖直装夹，沿锯削线锯削第三加工面，锯削方法同步骤 2。锯掉余料后，将第一加工面放在水平垫铁上，第二加工面贴紧固定钳口，第三加工面朝上，且露出钳口 3～5 mm，粗锉第三加工面	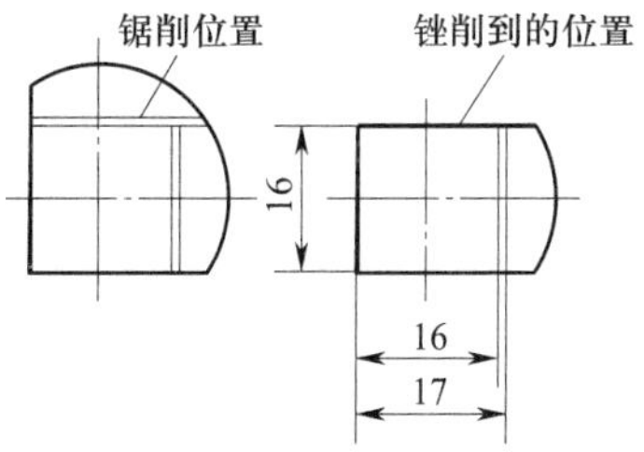 锯削位置　锉削到的位置　16　16　17
7	将第一加工面贴紧固定钳口，垂直装夹工件，使锯削线垂直钳口，沿锯削线锯削，方法同步骤 2。锯掉余料后，将第二加工面放在水平垫铁上，第一加工面贴紧固定钳口，粗锉第四加工面	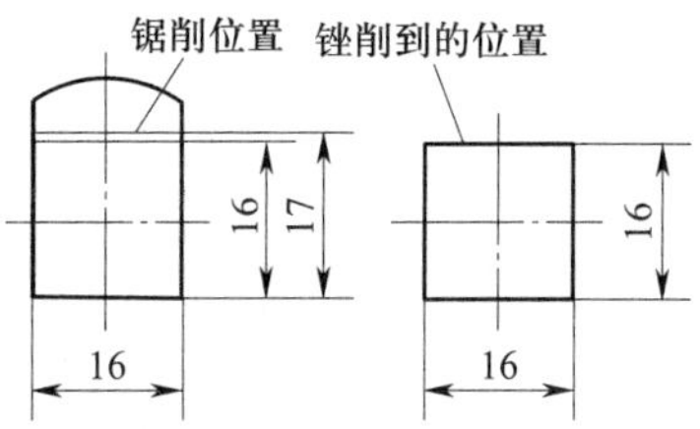 锯削位置　锉削到的位置　16　17　16　16　16

2．精锉长方体

按如图 2-14 所示尺寸精锉长方体，将加工步骤填入表 2-8 中。

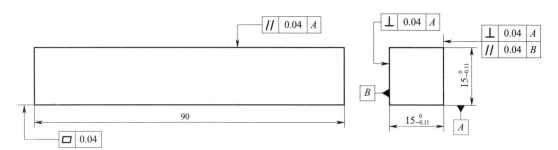

图 2-14　精锉长方体

表 2-8　　　　　　　　　　　　　　　　　精锉长方体步骤

步骤	操作内容	图示
1	将工件水平装夹，平行面放在水平垫铁上，基准面朝上且平行于钳口。选择细纹平板锉，采用顺向锉精锉基准面 用刀口尺检测，保证平面度误差小于 0.04 mm，并留 0.5 mm 左右的加工余量	
2	将工件水平装夹，基准面贴紧钳口，侧面 1 朝上且平行于钳口。按步骤 1 的方法精锉侧面 1 用直角尺检测，保证垂直度误差小于 0.04 mm，并留 0.5 mm 左右的加工余量	
3	将工件水平装夹，基准面贴紧钳口，侧面 2 朝上且平行于钳口。按步骤 1 的方法精锉侧面 2 用直角尺和千分尺检测，保证垂直度误差小于 0.04 mm，平行度误差小于 0.04 mm，尺寸 $15_{-0.11}^{0}$ mm 在公差范围之内	
4	将工件水平装夹，基准面放在垫铁上，平行面朝上且平行于钳口。按步骤 1 的方法精锉平行面 用直角尺和千分尺检测，保证平行度误差小于 0.04 mm，尺寸 $15_{-0.11}^{0}$ mm 在公差范围之内	
5	棱边去毛刺	

提示：装夹时采用软钳口（由铜皮或铝皮制成）保护工件的已加工表面。

3．划线

擦去工件表面油污，涂红丹（或蓝油）。用游标高度卡尺、钢直尺、划规、划针，按图 2-15 所示尺寸，划出手锤头部和中间轮廓加工线、手锤底部倒角轮廓线、斜面锯削加工线。观看錾口手锤划线演示动画 ，将具体划线步骤填入表 2-9 中。

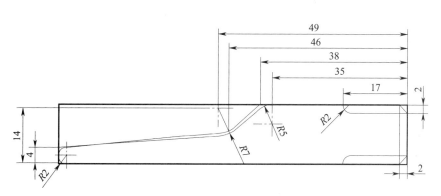

图 2-15　划线示意图

表 2-9　　　　　　　　　　　　　　　　　划线步骤

步骤	划线内容	图示
1	在工件前、后两面分别划出 R2 mm、R5 mm、R7 mm 三个圆弧的中心线	
2	在工件前、后两面分别划出 R2 mm、R5 mm、R7 mm 三段圆弧线	
3	在工件前、后两面分别划出 R2 mm、R5 mm 圆弧相切的斜面，划出 R7 mm、R5 mm 圆弧相切的斜面	
4	在工件前、后两面分别划出斜面的锯削线，在工件顶面划出斜面的起始线，在工件左端面划出斜面的终止线	
5	在工件底部前、后、上、下四个面上划出倒角和圆角轮廓线	

4．锯削斜面

将工件装夹在台虎钳上，按图 2-15 所划锯削线锯削斜面。因为锯削面为斜面，装夹工件时必须将工件倾斜，使锯缝垂直于钳口，锯削后的形状如图 2-16 所示。

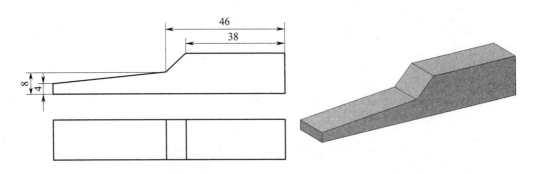

图 2-16　锯削后的工件形状

5．锉削轮廓面并倒角

将工件装夹到台虎钳上，应用扁锉、半圆锉和圆锉，锉削錾口手锤上的 *R*2 mm 圆弧面、斜面、*R*7 mm 圆弧面、*R*5 mm 圆弧面、*C*2 mm 倒角和 *R*2 mm 圆弧角，结果如图 2-17 所示。锉削过程中，要不时地用半径样板检测圆弧面，保证圆弧尺寸大小符合图样要求。

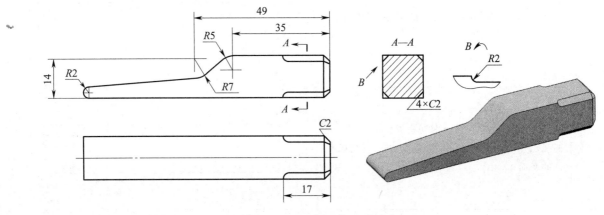

图 2-17　锉削轮廓面并倒角

6．钻螺纹底孔并孔口倒角

擦去工件表面油污，在钻孔处涂红丹（或蓝油），划出螺纹底孔中心及其轮廓线，并用样冲在中心处打样冲眼。用 ϕ6.75 mm 直柄麻花钻钻通孔，并用 ϕ12 mm 麻花钻在两端孔口倒角，结果如图 2-18 所示。将具体加工步骤填入表 2-10 中。

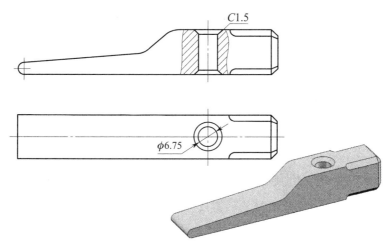

图 2-18　钻螺纹底孔并孔口倒角

表 2-10　　　　　　　　　　　　　　钻螺纹底孔、孔口倒角步骤

步骤	操作内容
1	划线，用游标高度卡尺划出螺纹底孔中心位置，并打样冲眼，样冲眼在划圆之前不应过深，以防止划线时划规晃动。用划规划出 $\phi 6.75$ mm 圆，并冲大样冲眼，以便准确落钻定心
2	用钻夹头将 $\phi 6.75$ mm 直柄麻花钻装入台式钻床主轴孔中，调整转速，转速可高些
3	启动钻床，先使钻头对准孔的中心钻出一浅坑。观察定心是否准确，并不断校正，当达到钻孔位置要求后，即可扳动手柄进行钻孔。钻孔时，进给量要适当，并要经常退钻排屑；添加切削液，以减小摩擦；孔将钻穿时，进给量必须减小
4	钻孔位置不动，停止主轴转动。用钻夹头钥匙将 $\phi 6.75$ mm 直柄麻花钻取下，装上 $\phi 12$ mm 直柄麻花钻。启动主轴，操纵手柄进给，倒角 C1.5 mm，进给量要小，避免倒角过大。顶端倒角完成后，将工件翻转，对准钻头装夹，进行另一端孔口倒角
5	加工完毕，停机清理机床，卸下工件检测

7．攻螺纹

将工件装夹到台虎钳上，使螺纹底孔中心线处于铅垂位置。用铰杠夹持 M8 丝锥，按操作要领进行攻螺纹。简述攻螺纹具体操作步骤。

（1）将工件装夹在台虎钳上，用铰杠夹持 M8 丝锥的方榫处。把丝锥放在孔口上，然后对丝锥加压并转动铰杠。

（2）攻至两圈后，用直角尺检查并校正丝锥与孔端面的垂直度。检查应在丝锥的前后、左右方向上进行。

（3）确定丝锥无歪斜现象后，停止加压，开始正常攻螺纹。当丝锥的切削部分全部切入工件后，只需转动铰杠即可，不能再对丝锥施加压力，否则螺纹牙型将被破坏。攻螺纹时，要经常正转1/2～1圈后，再倒转1/4～1/2圈，使切屑断碎后容易排出，避免因切屑阻塞而使丝锥卡死。应及时加注润滑油，直到切削部分全部露出工件底面为止。

（4）用二攻重复攻制。

8．热处理淬硬

錾口手锤的两端锤击部分，采用淬火加中温回火处理至 50～55HRC，心部不淬火。錾口手锤热处理的操作步骤见表 2-11。

表 2-11　　　　錾口手锤热处理的操作步骤

步骤	操作内容	备注
1	把錾口手锤放在电阻炉中加热至 800～840 ℃，保温 15 min	
2	从炉中取出后在冷水中连续掉头淬火，浸入水中深度约 5 mm	待工件呈暗黑色后，全面浸入水中
3	从水中取出后，再加热至 250～300 ℃，保温一段时间后，在空气中冷却	
4	待工件冷却后，在洛式硬度实验机上进行硬度检测	

 提示：

（1）必须由专人负责电阻炉，包括开关炉门、拿放工件、电源控制及加温操作等。

（2）打开炉门时应穿戴较厚的防护服装（特别是要戴防护手套），并应站在炉门的侧面，以避免热灼伤。

（3）拿取工件需用较长的钳子完成。

（4）淬火时将工件轻轻投入水中，以防止被溅起的热水烫伤。

（5）不要急于用手拿待冷却的工件，以防止因工件冷却不彻底而被烫伤。

三、检测

按表 2-12 中项目和技术要求，规范检测錾口手锤加工质量。

表 2-12　　　　　　　　　　　　　　　　錾口手锤质量检测表

序号	名称	配分	项目和技术要求	评分标准	检测记录	得分
1	主要尺寸（50分）	2×3	$15^{\ 0}_{-0.11}$ mm（2处）	超差不得分		
2		3	$\boxed{\ /\!/\ \ \vert\ 0.04\ \vert\ A\ }$	超差不得分		
3		3	$\boxed{\ /\!/\ \ \vert\ 0.04\ \vert\ B\ }$	超差不得分		
4		4	$\boxed{\ \square\ \ \vert\ 0.04\ }$	超差不得分		
5		2×3	$\boxed{\ \perp\ \ \vert\ 0.04\ \vert\ A\ }$（2处）	超差不得分		
6		10	M8	不合格不得分		
7		6	$R2$ mm	超差不得分		
8		6	$R7$ mm	超差不得分		
9		6	$R5$ mm	超差不得分		
10	次要尺寸（25分）	5	17 mm	超差不得分		
11		5	24 mm	超差不得分		
12		5	35 mm	超差不得分		
13		5	49 mm	超差不得分		
14		5	14 mm	超差不得分		
15	表面粗糙度（10分）	5×2	$Ra3.2\ \mu m$（5处）	降级不得分		
16	主观评分（10分）	3.5	已加工零件倒角、倒圆、倒钝、去毛刺是否符合图样要求			
17		3.5	已加工零件是否有划伤、碰伤和夹伤			
18		3	已加工零件与图样要求的一致性以及其余表面粗糙度			
19	更换添加毛坯（5分）	5	是否更换添加毛坯		是/否	
20	职业素养	扣分	能正确穿戴工作服、工作鞋、安全帽和护目镜等劳动防护用品。每违反一项扣2分			
21			能规范使用设备、工具、量具和辅具。每违反一次扣2分			
22			能做好设备清洁、保养工作。不清洁、不保养扣3分；清洁保养不彻底扣2分			
	总配分	100			总得分	

四、清理现场、归置物品

完成錾口手锤的制作后，按照 6S 现场管理规范要求，保养工、量具，清理现场，合理归置物品。

学习活动 4　工作总结与评价

学习目标

　　1. 能自信地展示自己的作品，讲述自己作品的优势和特点。

　　2. 能倾听别人对自己作品的点评。

　　3. 能总结工作经验，优化加工策略。

建议学时：4学时。

学习过程

　　1. 以小组为单位派出代表介绍自己小组的优秀作品，通过作品展示，锻炼每一位小组成员的表达能力，同时提升自己的专业素养。

　　（1）选出组内评价较高的作品进行展示，并就作品实用性、工艺性和产品质量等内容做必要介绍，听取并记录其他小组对本组作品的评价和改进建议。

　　1）实用性

　　建议：教师引导学生从实际应用情况来评价所制作的錾口手锤，并提出改进建议。

　　2）工艺性

　　建议：教师引导学生从錾口手锤的实际加工工艺进行评价，并提出改进建议。

　　3）产品质量

　　尺寸精度：教师引导学生通过实际检测产品的尺寸来评价各尺寸的精度。

表面粗糙度：教师引导学生应用表面粗糙度比较样块来检测产品的表面粗糙度。

（2）所展示作品中有哪些部位存在尺寸缺陷和表面质量缺陷？简要分析是什么原因导致的，并总结出避免质量缺陷的加工建议。

1）质量缺陷

尺寸缺陷：錾口手锤圆弧轮廓锉削较难，加上学生练习时间少，容易出现尺寸不合格现象。教师引导学生从加工工艺、所用刀具、各项基本操作技能等方面总结产生尺寸缺陷的原因。

表面质量缺陷：錾口手锤圆弧轮廓锉削较难，加上学生练习时间少，容易出现表面质量不合格的现象。教师引导学生从加工工艺、所用刀具、各项基本操作技能等方面总结产生表面质量缺陷的原因。

2）试简要分析造成质量缺陷的原因。

建议：教师引导学生主要从加工工艺、所用刀具、各项基本操作技能等方面总结造成质量缺陷的原因。

3）如果下次接到相似的任务，在加工过程中，应优化哪些加工策略？

建议：从加工工艺和各项基本操作技能等方面着手优化加工策略。

2．总结制作錾口手锤的心得体会

（1）通过制作錾口手锤，掌握了哪些钳工工艺知识？

建议：教师引导学生从划线、锯削、錾削、锉削、孔加工、攻螺纹、检测等工艺知识方面着手，整理所掌握的钳工工艺知识。

（2）通过制作錾口手锤，掌握了哪些钳工操作技能？

建议：教师引导学生从划线、锯削、錾削、锉削、孔加工、攻螺纹、检测等操作技能方面着手，整理所掌握的钳工操作技能。

（3）按照本任务给定的加工工艺过程卡的加工顺序进行加工，对保障产品精度和质量有哪些意义？若变更加工顺序会产生怎样的影响？

建议：从制定加工顺序的目的和作用入手，引导学生回答问题。

3．总结加工工序、工时，填写表 2-13 并进行简单成本估算。

表 2-13 成本估算

序号	加工内容	工时	成本测算项目			成本估算值
			设备	能源	辅料	
1						
2						
3						
4						
5						
6						
7						
8						
9						
10						

4．你在估算錾口手锤的成本时，考虑人工费、管理费、税费了吗？如果要计算人工费、管理费、税费，錾口手锤的成本应如何估算？重新估算后，把相关追加的成本因素写下来。

建议：在估算錾口手锤的成本时，重点考虑材料费和人工费。在计算材料费时，让学生先计算毛坯的体积和质量（质量公式：$m=\rho V$），然后查询当地材料的价格，计算出材料的费用。人工费的估算要参考当地用人成本，然后结合錾口手锤的制作时间进行估算。

 评价与分析

学习任务二评价表

项目	自我评价			小组评价			教师评价		
	10～9	8～6	5～1	10～9	8～6	5～1	10～9	8～6	5～1
	占总评10%			占总评30%			占总评60%		
学习活动1									
学习活动2									
学习活动3									
学习活动4									
协作精神									
纪律观念									
表达能力									
工作态度									
学习主动性									
任务总体表现									
小计									
总评									

任课教师：　　　　年　月　日

任务拓展

制作刀口形直角尺

一、工作情境描述

某企业需要制作 30 件如图 2-19 所示刀口形直角尺，毛坯为 105 mm×75 mm×6 mm 的板料，材料为 45 钢。生产技术部将该项生产任务安排给钳工组，刀口形直角尺表面要求光洁、美观，无毛刺。

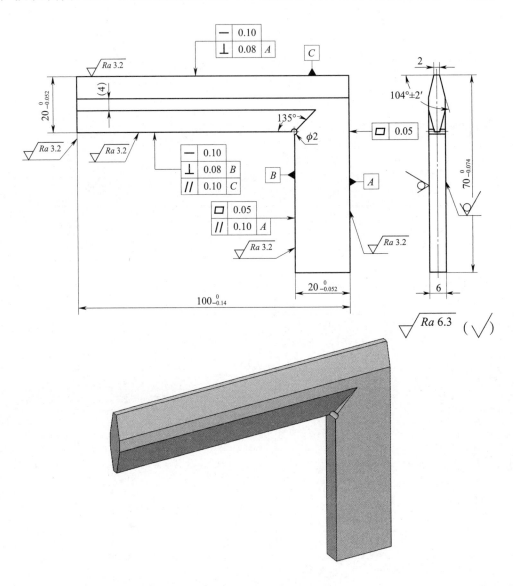

图 2-19 刀口形直角尺

二、评分标准

按表 2-14 中项目和技术要求检测刀口形直角尺尺寸是否合格。

表 2-14　　　　　　　　　　　　　　　　　　　刀口形直角尺评分标准

序号	名称	配分	项目和技术要求	评分标准	检测记录	得分
1	主要尺寸（50分）	2 × 4	$20_{-0.052}^{\ 0}$ mm（2 处）	超差不得分		
2		4	$100_{-0.14}^{\ 0}$ mm	超差不得分		
3		3	$70_{-0.074}^{\ 0}$ mm	超差不得分		
4		2 × 5	⎯ | 0.10（2 处）	超差不得分		
5		5	⊥ | 0.08 | A	超差不得分		
6		4	// | 0.10 | A	超差不得分		
7		4	// | 0.10 | C	超差不得分		
8		2 × 4	⬜ | 0.05（2 处）	超差不得分		
9		4	⊥ | 0.08 | B	超差不得分		
10	次要尺寸（25分）	4 × 3	104° ± 2′（4 处）	超差不得分		
11		2 × 3	135°（2 处）	超差不得分		
12		2	2 mm	超差不得分		
13		3	4 mm	超差不得分		
14		2	ϕ 2 mm	超差不得分		
15	表面粗糙度（10分）	5 × 2	Ra3.2 μm（5 处）	降级不得分		
16	主观评分（10分）	3.5	已加工零件倒角、倒圆、倒钝、去毛刺是否符合图样要求			
17		3.5	已加工零件是否有划伤、碰伤和夹伤			
18		3	已加工零件与图样要求的一致性以及其余表面粗糙度			
19	更换添加毛坯（5分）	5	是否更换添加毛坯		是 / 否	
20	职业素养	扣分	能正确穿戴工作服、工作鞋、安全帽和护目镜等劳动防护用品。每违反一项扣 2 分			
21			能规范使用设备、工具、量具和辅具。每违反一次扣 2 分			
22			能做好设备清洁、保养工作。不清洁、不保养扣 3 分；清洁保养不彻底扣 2 分			
	总配分	100			总得分	

世赛知识

钳加工在世赛制造团队挑战赛项目中的应用

制造团队挑战赛项目是指运用机械设计、电路设计、产品制图、电子装配、电路编程、数控加工、普通车床加工、普通铣床加工、钣金折弯、金属焊接等方面的技术技能，使用计算机辅助设计软件完成产品的结构和电路设计，使用数控机床、普通车床、普通铣床、折弯机、焊接设备完成产品零部件的生产加工，通过电子装配、电路编程完成控制部件的制作，通过机械部件的装配、控制电路装配和调试实现机构功能的竞赛项目。

世界技能大赛制造团队挑战赛项目是团队项目，每队由 3 名选手组成。项目采用第三方命题，比赛共设置产品设计、数控加工、综合制造 3 个模块，赛程为 4 天，累计比赛时间限定在 21 小时内。该竞赛项目需要选手具备机械设计、制图、车工、铣工、数控铣工、钣金加工、装配钳工、电工等多种技能。

钳加工是制造团队挑战赛项目中的基本考核技能。图 2-20 所示按钮式计数器为世赛制造团队挑战赛项目比赛试题，在其加工过程中，钳加工技能在金属材料锯削、钣金折弯、装配零件部件、修配、检测、调试等环节都有广泛使用。

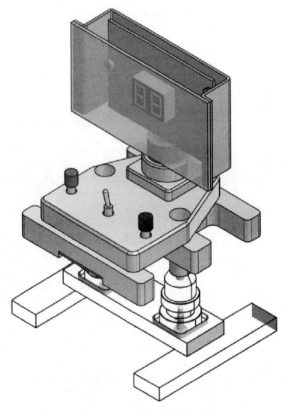

图 2-20 按钮式计数器

学习任务三　对开夹板的制作

学习目标

1. 能在班组长等相关人员指导下，正确阅读生产任务单，读懂对开夹板零件图和装配图，明确生产任务和工作要求。

2. 能以小组合作的方式编制对开夹板的加工工艺。

3. 能展示工艺方案，阐述加工工艺确定的理由与依据。

4. 能充分听取他人意见或建议，完善或改进工艺方案。

5. 能了解砂轮机工作区的范围和限制，理解企业在环境、安全、卫生方面的标准。

6. 能借助技术手册，查阅麻花钻切削角度的参数值，正确完成麻花钻切削部分的刃磨。

7. 能选择合适的检测工具，测量并判断麻花钻切削角度的合理性。

8. 能查阅技术手册，确定沉孔加工前的底孔直径。

9. 能合理调整钻床切削参数，并完成沉孔的加工。

10. 能根据螺栓规格选用丝锥并加工螺纹孔。

11. 能使用游标万能角度尺检测零件角度，并判断角度误差。

12. 能选用合适的工具，并根据装配图要求正确装配对开夹板。

13. 能与班组长等相关人员进行有效的沟通与合作，主动获取有效信息，展示工作成果。

14. 能对台虎钳、手锯、锉刀、台式钻床等进行维护保养，按现场 6S 管理的要求清理现场。

15. 能总结工作经验，优化加工策略。

16. 能在工作过程中严格执行企业操作规范、安全生产制度、环保管理制度以及 6S 管理等规定，严格遵守从业人员的职业道德，具有吃苦耐劳、爱岗敬业的工作态度和职业责任感。

建议学时

40 学时。

工作情境描述

　　某公司接到一批零件加工订单，加工过程中需要用对开夹板进行零件装夹。公司将对开夹板的制作任务交给钳工组来完成，要求按图样要求完成30副对开夹板的制作，加工对开夹板所需材料由公司提供，加工完成后经检验合格，交付公司使用。观看微课　，了解学习任务内容。

　　图3-1所示为对开夹板装配图，图3-2所示为夹板A零件图，图3-3所示为夹板B零件图。

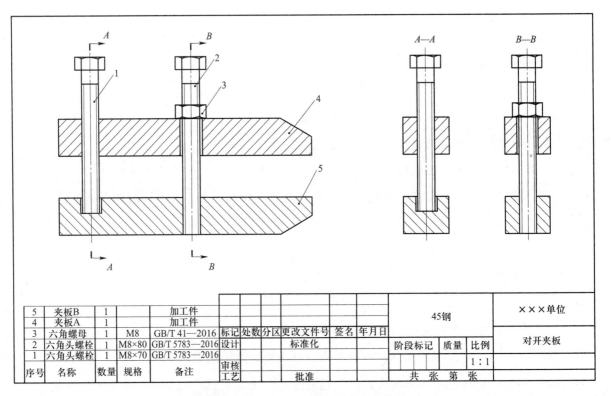

5	夹板B	1		加工件							45钢		×××单位
4	夹板A	1		加工件									
3	六角螺母	1	M8	GB/T 41—2016	标记	处数	分区	更改文件号	签名	年月日			对开夹板
2	六角头螺栓	1	M8×80	GB/T 5783—2016	设计			标准化			阶段标记	质量	比例
1	六角头螺栓	1	M8×70	GB/T 5783—2016									1：1
序号	名称	数量	规格	备注	审核			批准			共　张　第　张		
					工艺								

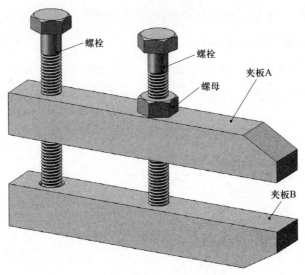

图3-1　对开夹板装配图

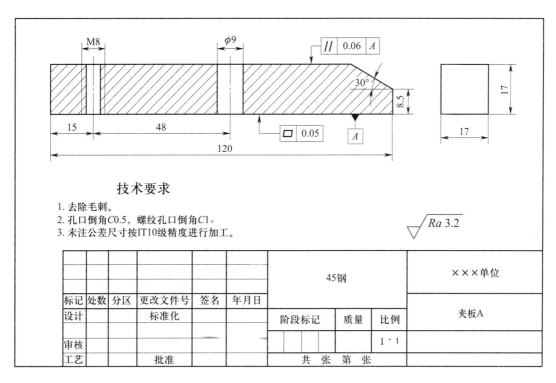

技术要求

1. 去除毛刺。
2. 孔口倒角C0.5，螺纹孔口倒角C1。
3. 未注公差尺寸按IT10级精度进行加工。

$\sqrt{Ra\,3.2}$

						45钢			×××单位
标记	处数	分区	更改文件号	签名	年月日				夹板A
设计			标准化			阶段标记	质量	比例	
审核								1∶1	
工艺			批准			共　张　第　张			

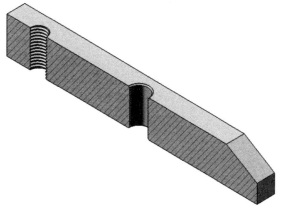

图 3-2　夹板A零件图

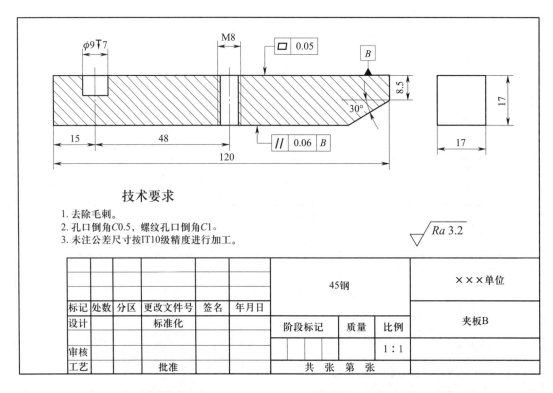

技术要求

1. 去除毛刺。
2. 孔口倒角C0.5，螺纹孔口倒角C1。
3. 未注公差尺寸按IT10级精度进行加工。

$\sqrt{Ra\ 3.2}$

标记	处数	分区	更改文件号	签名	年月日	45钢			×××单位
设计			标准化			阶段标记	质量	比例	夹板B
审核								1:1	
工艺			批准			共 张 第 张			

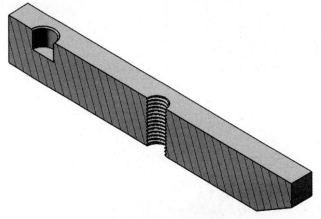

图 3-3　夹板 B 零件图

 工作流程与活动

1. 接受工作任务（4学时）

2. 确定加工步骤和方法（12学时）

3. 制作对开夹板并检验（20学时）

4. 工作总结与评价（4学时）

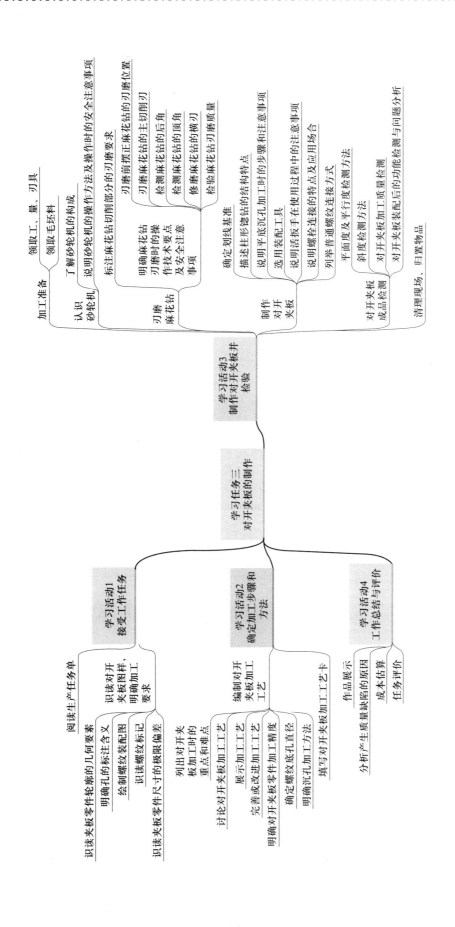

学习任务三 对开夹板的制作

学习活动3 制作对开夹板并检验

加工准备
- 领取工、量、刃具
  - 领取毛坯料
- 认识砂轮机
  - 了解砂轮机的构成
  - 说明砂轮机的操作方法及操作时的安全注意事项
- 刃磨麻花钻
  - 标注麻花钻切削部分的刃磨要求
    - 刃磨前摆正麻花钻的刃磨位置
    - 刃磨麻花钻的主切削刃
  - 明确麻花钻刃磨时的操作技术要点及安全注意事项
    - 检测麻花钻的后角
    - 检测麻花钻的顶角
    - 修磨麻花钻的横刃
    - 检验麻花钻刃磨质量
- 制作对开夹板
  - 确定划线基准
  - 描述柱形锪钻的结构特点
  - 说明平底沉孔加工时的步骤和注意事项
    - 选用装配工具
  - 说明活扳手在使用过程中的注意事项
    - 说明活扳手连接的特点应应用场合
  - 列举普通螺纹连接方式
- 对开夹板成品检验
  - 斜度检测方法
    - 平面度及平行度检测方法
    - 对开夹板加工质量检测
    - 对开夹板装配后的功能检测与问题分析
- 清理现场，归置物品

学习任务三 对开夹板的制作

学习活动1 接受工作任务
- 阅读生产任务单
- 识读夹板零件轮廓的几何要素
  - 明确孔加工的标注含义
  - 绘制螺纹装配图
- 识读对开夹板图样，明确加工要求
  - 识读螺纹装配标记
  - 识读夹板零件尺寸的极限偏差

学习活动2 确定加工步骤和方法
- 列出对开夹板加工时的重点和难点
- 讨论对开夹板加工工艺
  - 展示加工工艺
  - 完善或改进加工工艺
- 编制对开夹板加工工艺
  - 明确对开夹板零件加工工精度
    - 确定螺纹底孔直径
    - 明确沉孔加工方法
    - 填写对开夹板加工工艺卡

学习活动4 工作总结与评价
- 作品展示
- 分析产生质量缺陷的原因
  - 成本估算
  - 任务评价

学习活动1　接受工作任务

学习目标

1. 能在班组长等相关人员指导下，正确阅读生产任务单，明确生产任务和工作要求。

2. 能识读对开夹板零件图和装配图，明确加工要求。

3. 能阐述对开夹板的用途和工作原理。

建议学时：4学时。

学习过程

一、阅读生产任务单（表3-1）

表 3-1　　　　　　　　　　　　对开夹板生产任务单

单　　号：			开单时间：	年　月　日　时	
开单部门：			开单人：		
接单人：	部　　　组		签　名：		

以下由开单人填写

序号	产品名称	材料	数量	技术标准、质量要求	
1	对开夹板	45钢	30	按图样要求	
2					
3					
4					
任务细则	1. 到仓库领取相应的材料 2. 根据现场情况选用合适的工、量具和设备 3. 根据加工工艺进行加工，交付检验 4. 填写生产任务单，清理工作场地，完成工、量具和设备的维护保养				
任务类型	☑钳加工			完成工时	40 h

续表

以下由开单人填写		
领取材料		仓库管理员（签名）
领取工、量具		年　　月　　日
完成质量 （小组评价）		班组长（签名）
		年　　月　　日
用户意见 （教师评价）		用户（签名）
		年　　月　　日
改进措施 （反馈改良）		

注：生产任务单与零件图样、工艺过程卡一起领取。

1．在班组长等相关人员指导下，阅读生产任务单，将零件名称、制作材料、零件数量和完成时间填入表 3-2 中。

表 3-2　　　　　　　　　　　　　　生产任务

零件名称	夹板 A、夹板 B	制作材料	45 钢
零件数量	夹板 A、夹板 B 各一件	完成时间	40 h

2．查阅相关资料，明确对开夹板的用途，并阐述对开夹板的工作过程。

对开夹板的工作过程如下：

（1）松开六角螺母（3 号件），按被装夹零件的尺寸调节夹板 A（4 号件）与夹板 B（5 号件）之间的距离，使之略大于被装夹零件的尺寸。

（2）拧紧六角螺母（3 号件），对被装夹零件进行预夹紧。

（3）拧紧六角头螺栓（1 号件），调节被装夹零件夹紧力度，使被装夹零件处于夹紧状态。

二、识读对开夹板图样，明确加工要求

1．构成夹板 A 与夹板 B 零件轮廓的几何要素各有哪些？

夹板 A：平面、斜面、圆柱通孔、螺纹通孔。

夹板 B：平面、斜面、螺纹通孔、沉孔。

2．查阅技术手册，说明下列有关孔的标注含义及使用时的作用，并填写在表 3-3 中。

表 3-3　　　　　　　　　　　　孔的标注含义及使用时的作用

标注类型图示	含义及作用
M8	含义：普通粗牙螺纹，螺纹大径为 8 mm
	作用：由图 3-1 可知，左图所示为螺纹通孔，用来与相匹配的六角头螺栓配合，形成螺纹连接
φ9	含义：直径为 9 mm 的通孔
	作用：由图 3-1 可知，左图所示为圆柱通孔，是六角头螺栓装配时的螺纹过孔
φ9▽7	含义：直径为 9 mm 的沉孔，沉孔深度为 7 mm
	作用：由图 3-1 可知，左图所示为沉孔，是用来限定六角头螺栓装配位置的，可保证六角头螺栓装配稳定性

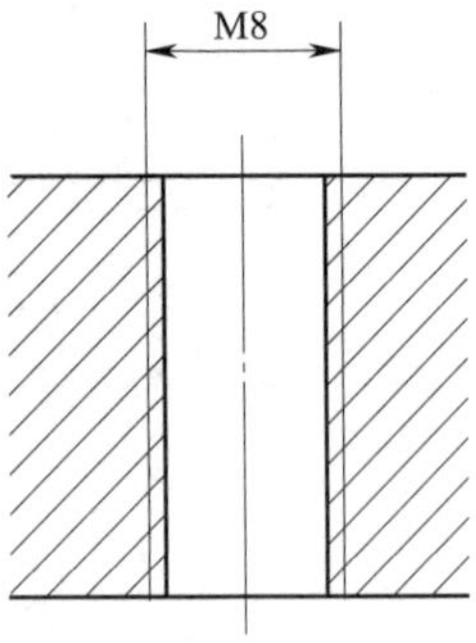

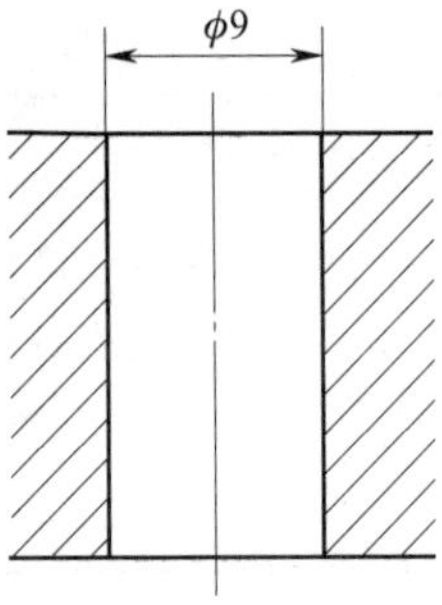

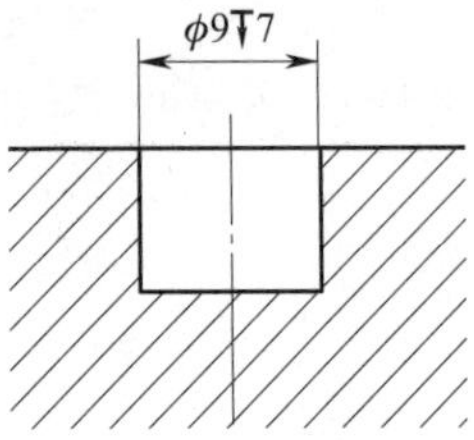

3．分析对开夹板装配图可知，夹板 A 与夹板 B 是通过螺纹孔与螺栓进行螺纹配合，从而起到连接、紧固作用的。查阅相关资料，在图 3-4 中绘制螺纹装配图，并结合生活、生产中所见举例说明螺纹连接的应用场合。

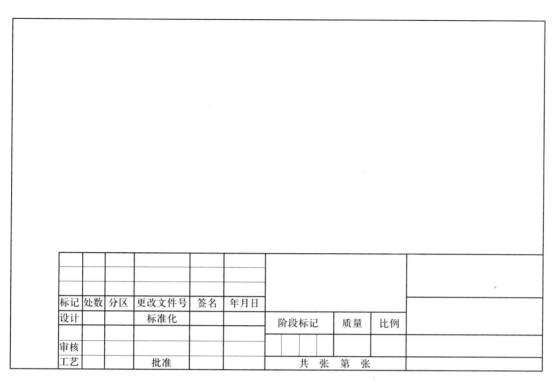

标记	处数	分区	更改文件号	签名	年月日				
设计			标准化			阶段标记	质量	比例	
审核									
工艺			批准			共　张　第　张			

图 3-4　绘制螺纹装配图

4. 螺纹的种类规格很多，为了区分不同的螺纹，国家标准中规定了螺纹的标记方法。查阅技术手册，根据给定的螺纹要素标记螺纹。

（1）普通螺纹，公称直径为 24 mm，右旋螺纹，中径公差带代号为 5g，顶径公差带代号为 6g，中等旋合长度。

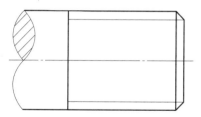

M24—5g6g

（2）普通螺纹，公称直径为 26 mm，螺距为 1.5 mm，左旋螺纹，中径、顶径公差带代号为 6h，旋合长度为 40 mm。

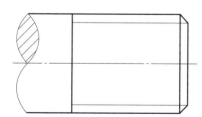

M26×1.5LH—6h—40

5. 夹板 A 与夹板 B 零件图中并未直接注明零件各尺寸的极限偏差，但在技术要求中说明"未注公差尺寸按 IT10 级精度进行加工"。查阅技术手册，在表 3-4 中填写夹板 A 与夹板 B 各加工尺寸的极限偏差范围。

表 3-4　　　　　　　　　　　夹板 A 与夹板 B 各加工尺寸的极限偏差范围　　　　　　　　　　　mm

序号	尺寸	极限偏差范围
1	120	± 0.07
2	17	± 0.035
3	8.5	± 0.029

学习目标

1. 能通过小组合作，编制对开夹板加工工艺方案。

2. 能展示工艺方案，阐述加工工艺确定的理由与依据。

3. 能充分听取他人意见或建议，完善或改进工艺方案。

4. 能正确填写对开夹板加工工艺过程卡。

建议学时：12学时。

学习过程

一、分小组编制对开夹板加工工艺

1. 对开夹板是生产中常会用到的一种简单夹具。以小组为单位进行讨论，列出对开夹板加工时的重点和难点。

重点：（1）角度的加工与测量方法。

　　　（2）螺纹孔的加工方法。

　　　（3）沉孔的加工方法。

　　　（4）麻花钻的刃磨方法。

　　　（5）装配工具的使用方法。

难点：（1）沉孔的加工方法。

　　　（2）麻花钻的刃磨方法。

2. 从高效、节能、环保等角度出发，分组讨论对开夹板的加工工艺，并做好内容记录。

3．展示本小组编写的加工工艺，并从高效、节能、环保等角度阐述加工工艺确定的理由与依据（编写展示方案提纲及展示说明稿）。

4．在听取他人的意见或建议后，结合其他小组的加工工艺方案，你认为你们的加工工艺方案是否需要进行完善或改进？如需完善或改进，列出需要进行完善和改进的地方。

5．根据对开夹板的功能及使用方法，你认为对开夹板在加工时最应保证哪些要素的加工精度？试阐述理由。

6．根据图样要求，查阅技术手册，确定 M8 螺纹孔加工时的底孔直径，并确定所需选用的刀具种类及规格。

底孔直径 $D_{孔}=D-P=8\ mm-1.25\ mm=6.75\ mm$

刀具种类及规格：$\phi 6\ mm$ 麻花钻、$\phi 6.8\ mm$ 麻花钻、M8 丝锥。

7．查阅技术手册，试确定 $\phi 9\ mm$ 沉孔的加工方法，并进行记录（建议配上加工简图）。

（1）选择柱形锪钻，要求柱形锪钻切削部分直径为 9 mm。

（2）根据柱形锪钻前端导柱直径选择钻底孔的麻花钻。

（3）在零件上划线后打样冲眼，并用底孔钻加工底孔，底孔深度 $\leqslant 5\ mm$。

（4）利用柱形锪钻前端导柱进行定位，并进行预加工。

（5）保持零件装夹位置不变，拆除柱形锪钻前端导柱后进行沉孔加工，保证沉孔深度为 7 mm。

二、填写对开夹板加工工艺过程卡（表3-5）

表 3-5　　　　　　　　　　　　　对开夹板加工工艺过程卡

机械加工工艺过程卡		产品型号			零（部）件图号					
		产品名称			零（部）件名称	对开夹板	共　页		第　页	

材料牌号		毛坯种类		毛坯外形尺寸		每件毛坯可制件数		每台件数		备注	

工序号	工序名称	工序内容		车间	工段	设备	工艺装备	工时	
								单件	最终
							设计（日期）	审核（日期）	标准化（日期）	会签（日期）
标记	处数	更改文件号	签字	日期	标记	处数	更改文件号	签字	日期		

学习活动3　制作对开夹板并检验

 **学习目标**

　　1. 能检查工作区、设备、工具、材料的状况和功能。

　　2. 能根据图样要求对工件进行正确划线。

　　3. 能了解砂轮机工作区的范围和限制，理解企业对环境、安全、卫生和事故预防的标准。

　　4. 能借助技术手册，查阅麻花钻切削角度的参数值，正确完成麻花钻切削部分的刃磨。

　　5. 能选择合适的检测工具，测量并判断麻花钻切削角度的合理性。

　　6. 能查阅技术手册，确定沉孔加工前的底孔直径。

　　7. 能合理调整钻床切削参数，并完成沉孔的加工。

　　8. 能根据螺栓规格选用丝锥并加工螺纹孔。

　　9. 能使用游标万能角度尺检测零件角度，并判断角度误差。

　　10. 能根据加工工艺卡，完成对开夹板各零件的加工。

　　11. 能选用合适的量具检测对开夹板各零件的加工质量，并能依据检测结果对产生的质量问题进行分析。

　　12. 能选用合适的工具，并根据装配图要求正确装配对开夹板。

　　13. 能在作业过程中严格执行企业操作规范、安全生产制度、环保管理制度以及6S管理规定，严格遵守从业人员的职业道德，具有吃苦耐劳、爱岗敬业的工作态度和职业责任感。

　　14. 能与班组长、工具管理员等相关人员进行有效的沟通与合作。

　　建议学时：20学时。

学习过程

一、加工准备

1．领取工、量、刃具

领取并检查工、量、刃具的状况及功能，填写工、量、刃具清单（表 3-6）。

表 3-6　　　　　　　　　　　　　　工、量、刃具清单

序号	名称	规格	数量	备注
1				
2				
3				
4				
5				
6				
7				
8				
9				
10				
11				
12				
13				
14				
15				
16				
17				
18				
19				
20				

2．领取毛坯料

根据图样要求，确定制作对开夹板所需的加工坯料、标准件等耗材，并在表 3-7 中填写耗材名称、规格、数量等信息。

表 3-7　　　　　　　　　　　　　　耗材领用单

序号	耗材名称	规格	数量	备注

领用人：　　　　批准人：　　　　管理员：

领用时间：　　年　　月　　日　　批准时间：　　年　　月　　日　　出库时间：　　年　　月　　日

二、认识砂轮机

1. 砂轮机是刃磨刀具用的重要设备，查阅相关技术资料，填写完成表 3-8 内容。

表 3-8　　　　　　　　　　　　　　砂轮机

序号	图示	问题
1		砂轮机的组成： 1—— 底座 2—— 防护罩 3—— 电动机 4—— 砂轮 5—— 开关

续表

序号	图示	问题
2		常用的砂轮种类有：根据磨料种类不同，砂轮可分为氧化物砂轮（棕刚玉、白刚玉）、碳化物砂轮（黑色氧化硅、绿色碳化硅）、高硬度砂轮（人造金刚石、立方氮化硼）

2．砂轮工作时处于高速旋转状态，一旦造成砂轮碎裂或在刃磨操作过程中产生失误，都将会造成严重的后果。因此，在操作砂轮机时，除了要掌握熟练的操作技能外，还需要做好必要的安全防护措施。查阅资料，说明砂轮机的操作方法及操作时的安全注意事项。

（1）砂轮机启动后，不可立即进行磨削操作，应等砂轮转速和振动稳定后再进行。

（2）砂轮旋转方向必须与旋转方向指示牌相符，使磨屑向下方飞离砂轮，使用时，若发现砂轮表面跳动严重，应及时用砂轮修整器修整。

（3）使用砂轮机时，操作者尽量不要站立在砂轮的直径方向，应站立在砂轮的侧面或斜侧位置，万一发生意外，操作者受伤害的可能性最小。

（4）砂轮机在使用时，不准将磨削件与砂轮猛烈撞击或在砂轮上施加过大的压力，以免砂轮碎裂。

三、刃磨麻花钻

1．刃磨麻花钻是钳工必须掌握的技能之一。麻花钻在使用一段时间后会产生磨损，造成刃口钝化，这就需要对麻花钻的切削部分按一定的技术要求进行刃磨。查阅资料，在图 3-5 中标注麻花钻切削部分的刃磨要求。

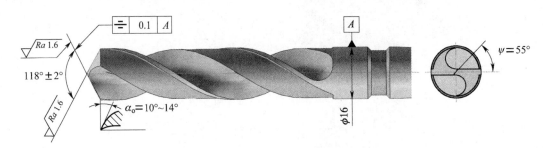

图 3-5　麻花钻切削部分的刃磨要求

2．麻花钻的正确刃磨，对提高钻削质量、生产效率、钻头的寿命有着非常显著的影响。阅读知识链接 ，并观看麻花钻刃磨操作视频 和麻花钻顶角检测演示动画 ，在表 3-9 中填写麻花钻刃磨时的操作技术要点及安全注意事项。

表 3-9   麻花钻刃磨时的操作技术要点及安全注意事项

工艺内容	图示	操作技术要点	安全注意事项
1. 刃磨前摆正麻花钻的刃磨位置	砂轮中心平面 $\kappa_r=59°$ 1°~2° 钻头轴线	刃磨麻花钻时，右手握住钻头前端（工作部分），左手握住钻头柄部，钻头中心基本与砂轮中心水平线一致，并保持主切削刃水平。钻头轴线与砂轮圆柱母线在水平面内的夹角约等于钻头顶角的一半	砂轮机操作安全注意事项
2. 刃磨麻花钻的主切削刃	砂轮中心平面 摆动范围 15°~20° κ_r 钻头轴线	右手握住钻头的头部作为定位支点，使钻头绕轴线转动，刃磨整个主后面，左手握住柄部做上下弧形摆动，使钻头磨出正确的后角。麻花钻刃磨时，两手动作的配合要协调、自然	砂轮机操作安全注意事项
3. 检测麻花钻的后角	$\alpha_o>0°$ $\alpha_o<0°$ 刃磨正确 刃磨错误	利用目测法检查钻头后面的刃磨质量。要求刃磨后的后面为光滑的过渡圆弧，且外缘处的交点应等高，以保证钻头能对称进行切削	
4. 检测麻花钻的顶角	121°	利用角度样板尺检测麻花钻的顶角（标准顶角为118°±2°），还可以检测顶角相对钻头中心线的对称情况	

续表

工艺内容	图示	操作技术要点	安全注意事项
5. 修磨麻花钻的横刃	修磨前的钻头　　　　修磨后的钻头	直径大于 6 mm 的麻花钻建议修磨横刃，修磨横刃时需注意不要影响主切削刃	砂轮机操作安全注意事项
6. 检验麻花钻刃磨质量		利用试切法检查切削刃的刃磨情况，要求钻头切削刃锋利，切削过程顺畅、无振动，且产生的切屑为两条对称的螺旋切屑	钻床操作安全注意事项

四、制作对开夹板

1．加工对开夹板时，你是如何确定划线基准的？确定划线基准的理由是什么？

（1）加工对开夹板时，根据对开夹板的特点，选择夹板 A 和夹板 B 的 120 mm×17 mm 平面作为高度基准，选择 17 mm×17 mm 平面作为长度基准。

（2）基准的类型有三种：两条相互垂直的直线、两条相互垂直的中心线、一条直线和一条与之相垂直的中心线。根据零件特点，选择两条相互垂直的直线作为加工夹板 A 和夹板 B 的划线基准。

2．平底沉孔加工时需要用到柱形锪钻。结合图 3-6，描述柱形锪钻的结构特点。

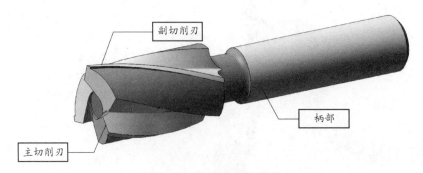

图 3-6　柱形锪钻的结构

柱形锪钻的端面切削刃为主切削刃，起切削作用。圆周上有副切削刃，起修光孔壁的作用。锪钻前端有导柱，导柱直径与工件上已有孔为紧密的间隙配合，以保证良好的定心和导向作用，一般导柱是可拆卸的，也可以把导柱和锪钻做成一体的。

3．查阅技术手册，说明平底沉孔加工时的步骤和注意事项。

（1）选择柱形锪钻，要求柱形锪钻切削部分直径为 9 mm。

（2）根据柱形锪钻前端导柱直径选择钻底孔的麻花钻。

（3）在零件上划线后打样冲眼，并用底孔钻加工底孔，底孔深度 ≤ 5 mm。

（4）利用柱形锪钻前端导柱进行定位，并进行预加工。

（5）保持零件装夹位置不变，拆除柱形锪钻前端导柱后进行沉孔加工，保证沉孔深度为 7 mm。

4．对开夹板在装配时，用到了六角螺栓和六角螺母。针对这些标准件的装配，你知道应选用哪些装配工具吗？结合图 3-7，判断哪些工具可以用来装配对开夹板，并说明理由。

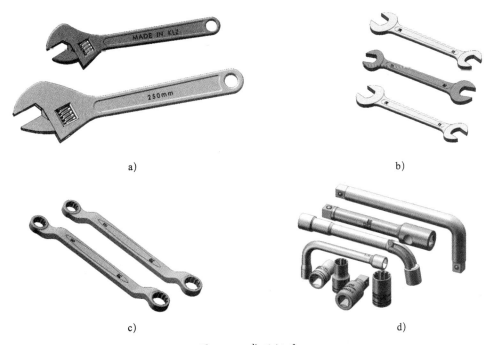

a)　　　　　　　　　　　　　　　　b)

c)　　　　　　　　　　　　　　　　d)

图 3-7　常用扳手

a）活扳手　b）呆扳手　c）整体扳手　d）套筒扳手

扳手是用来旋紧各种螺栓、螺母的工具，由常用工具钢、合金钢或可锻铸铁制成，通常分为活扳手、呆扳手、整体扳手和套筒扳手。

（1）活扳手：活扳手的开口宽度可以在一定范围内调节，在装拆非标准规格的螺母和螺栓时能发挥更好的作用，应用广泛。使用活扳手时，应让其固定钳口承受主要作用力，否则容易损坏扳手。

（2）呆扳手：呆扳手主要用于装拆标准规格的螺母和螺栓，其开口尺寸与螺母或螺栓的对边间距尺寸相对应，并根据标准尺寸做成一套，使用方便，稳定性较好。

（3）整体扳手：整体扳手的用途与呆扳手相同，一般两端做成12边形，装拆螺母或螺栓时，可以产生较大的扭转力矩，工作可靠，不易滑脱，适用于旋转空间狭小的场合。

（4）套筒扳手：套筒扳手除了具有一般扳手的用途外，还特别适用于装拆旋转部位很狭小或较隐蔽的螺母和螺栓，套筒扳手的各种规格是组装成套的，因此使用方便。

以上扳手都可以用来装配对开夹板。

5．活扳手的钳口由固定钳口和活动钳口组成，如图3-8所示。观看活扳手的结构与工作原理演示动画，说明活扳手在使用过程中的注意事项。

图3-8　活扳手

使用活扳手时，应让其固定钳口承受主要作用力，否则容易损坏扳手。

6．对开夹板中的螺纹连接属于普通螺纹连接中的螺栓连接，如图3-9所示。观看螺栓连接演示动画，说明这种螺纹连接方式的特点及应用场合。

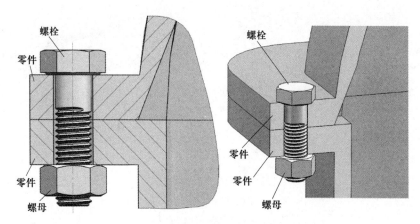

图3-9　螺栓连接

普通螺纹连接是一种可拆的固定连接，它具有结构简单、连接可靠、装拆方便等优点，在机械中应用广泛。螺栓连接用于连接两个较薄的零件，在被连接件上开有通孔，插入螺栓后再在螺栓的另一端拧上螺母，普通螺纹连接的螺杆与孔之间有间隙，因此对通孔的加工要求较低，这种连接方式结构简单、装拆方便，应用广泛。

7. 除螺栓连接以外，你知道普通螺纹连接还有哪些连接方式吗？它们各自的连接特点和应用场合是什么？查阅相关资料，填写表 3–10。

表 3–10　　　　　　　　　　　　　　普通螺纹连接

序号	示例简图	连接特点	应用场合
1. 双头螺柱连接	双头螺柱 螺母 零件 零件	拆卸时只需旋下螺母，螺柱仍留在连接件螺纹孔内，因此螺纹孔不易被损坏	主要用于连接件较厚且又需要经常装拆的场合
2. 螺钉连接	螺钉 零件 零件	螺钉直接旋入被连接件的螺纹孔中，不需要螺母。结构比双头螺柱连接简单、紧凑	主要用于连接件较厚或结构上受到限制，不能采用螺栓连接且不需经常装拆的场合
3. 紧定螺钉连接	紧定螺钉 零件 零件	紧定螺钉的末端顶住其中一连接件的表面或进入该零件上相应的凹坑中，以固定两零件的相对位置	多用于轴与轴上零件的连接，可传递不大的力或扭矩

五、对开夹板成品检测

1. 由零件图可知，夹板 A 和夹板 B 在加工时，都对个别加工表面提出了平面度、平行度的要求。在加工过程中，你选用了哪些量具？测量时有哪些注意事项？

（1）可以选用百分表测量平面度和平行度。

（2）百分表使用注意事项

1）百分表使用时应安装在专用表座或磁性表座上。

2）百分表装在表座上后，一般可转动分度盘，使指针处于零位。

3）测量平面或圆柱形工件时，百分表的测头应与平面垂直或与圆柱形工件的轴线垂直，否则百分表测杆移动不灵活，测量结果不准确。

4）测量时，测杆的升降范围不宜过大，以减小由于存在间隙而产生的误差。

2. 夹板 A 和夹板 B 的 30° 斜面在加工过程中，需选用何种量具进行检测？测量时的注意事项有哪些？

（1）可以选用游标万能角度尺测量。

（2）游标万能角度尺使用注意事项

1）根据测量工件的不同角度，正确选用直尺和直角尺。

2）使用前要检查尺身和游标的零线是否对齐，基尺和直尺间是否漏光。

3）测量时，工件应与直角尺的两个测量面在全长上接触良好，避免误差。

3．按表 3-11 中项目和技术要求，规范检测对开夹板加工质量。

表 3-11　　　　　　　　　　　　　　　　　对开夹板检测表

序号	名称	配分	项目和技术要求	评分标准	检测记录	得分
1	主要尺寸（49 分）	2×5	M8（2 处）	不合格不得分		
2		5	ϕ9 mm 通孔	超差不得分		
3		4	ϕ9 mm 沉孔	超差不得分		
4		2×4	15 mm（2 处）	超差不得分		
5		2×5	48 mm（2 处）	超差不得分		
6		2×3	▱ 0.05（2 处）	超差不得分		
7		3	∥ 0.06 A	超差不得分		
8		3	∥ 0.06 B	超差不得分		
9	次要尺寸（30 分）	2×3	8.5 mm（2 处）	超差不得分		
10		2×3	120 mm（2 处）	超差不得分		
11		4×3	17 mm（4 处）	超差不得分		
12		2×3	30°（2 处）	超差不得分		
13	表面粗糙度（8 分）	8	Ra3.2 μm	每处不合格扣 1 分，扣完为止		
14	主观评分（8 分）	3	已加工零件倒角、倒圆、倒钝、去毛刺是否符合图样要求			
15		3	已加工零件是否有划伤、碰伤和夹伤			
16		2	已加工零件与图样要求的一致性以及其余表面粗糙度			
17	更换添加毛坯（5 分）	5	是否更换添加毛坯		是 / 否	
18	职业素养	扣分	能正确穿戴工作服、工作鞋、安全帽和护目镜等劳动防护用品。每违反一项扣 2 分			
19			能规范使用设备、工具、量具和辅具。每违反一次扣 2 分			
20			能做好设备清洁、保养工作。不清洁、不保养扣 3 分；清洁保养不彻底扣 2 分			
	总配分	100			总得分	

六、清理现场、归置物品

完成对开夹板的制作后，按照 6S 现场管理规范要求，保养工、量具，清理现场，合理归置物品。

学习活动 4　工作总结与评价

学习目标

1. 能自信地展示自己的作品，讲述自己作品的优势和特点。

2. 能倾听别人对自己作品的点评。

3. 能总结工作经验，优化加工策略。

建议学时：4学时。

学习过程

1. 以小组为单位派出代表介绍自己小组的优秀作品，通过作品展示，锻炼每一位小组成员的表达能力，同时提升自己的专业素养。

（1）选出组内评价较高的作品进行展示，并就作品实用性、工艺性和产品质量等内容做必要介绍，听取并记录其他小组对本组作品的评价和改进建议。

1）实用性

建议：教师引导学生从实际应用情况来评价所制作的对开夹板，并提出改进建议。

2）工艺性

建议：教师引导学生从对开夹板的实际加工工艺进行评价，并提出改进建议。

3）产品质量

尺寸精度：教师引导学生通过实际检测产品的尺寸来评价各尺寸的精度。

表面粗糙度：教师引导学生应用表面粗糙度比较样块来检测产品的表面粗糙度。

（2）所展示作品中有哪些部位存在尺寸缺陷和表面质量缺陷？简要分析是什么原因导致的，并总结出避免质量缺陷的加工建议。

1）质量缺陷

尺寸缺陷：对于初学者来讲，攻制对开夹板上的内螺纹，容易出现加工缺陷。教师可引导学生从加工工艺、所用刀具、各项基本操作技能等方面总结产生尺寸缺陷的原因。

表面质量缺陷：对开夹板各平面的表面质量会因平面锉削技能掌握不熟练等原因而产生表面质量缺陷。教师可引导学生从加工工艺、所用刀具、锉削基本操作技能等方面总结产生表面质量缺陷的原因。

2）试简要分析造成质量缺陷的原因。

建议：教师引导学生主要从加工工艺、所用刀具、各项基本操作技能等方面分析造成质量缺陷的原因。

3）如果下次接到相似的任务，在加工过程中，应优化哪些加工策略？

建议：从加工工艺和各项基本操作技能等方面着手优化加工策略。

2. 总结制作对开夹板的心得体会

（1）通过制作对开夹板，掌握了哪些钳工工艺知识？

建议：教师引导学生从划线、锯削、锉削、孔加工、攻螺纹、检测等工艺知识方面着手，整理所掌握的钳工工艺知识。

（2）通过制作对开夹板，掌握了哪些钳工操作技能？

建议：教师引导学生从划线、锯削、锉削、孔加工、攻螺纹、检测等操作技能方面着手，整理所掌握的钳工操作技能。

（3）按照制定的工艺顺序进行加工，对保障产品精度和质量有哪些意义？若变更加工顺序会产生怎样的影响？

建议：从制定加工顺序的目的和作用入手，引导学生回答问题。

3．总结加工工序、工时，填入表 3–12 并进行简单成本估算。

表 3–12　　　　　　　　　　　　　　　成本估算

序号	加工内容	工时	成本测算项目			成本估算值
			设备	能源	辅料	
1						
2						
3						
4						
5						
6						
7						
8						
9						
10						

4．你在估算对开夹板的成本时，考虑人工费、管理费、税费了吗？如果要计算人工费、管理费、税费，对开夹板的成本应如何估算？重新估算后，把相关追加的成本因素写下来。

建议：在估算对开夹板的成本时，重点考虑材料费和人工费。在计算材料费时，让学生先计算毛坯的体积和质量（质量公式：$m=\rho V$），然后查询当地材料的价格，计算出材料的费用。人工费的估算要参考当地用人成本，然后结合对开夹板的制作时间进行估算。

评价与分析

学习任务三评价表

项目	自我评价			小组评价			教师评价		
	10～9	8～6	5～1	10～9	8～6	5～1	10～9	8～6	5～1
	占总评10%			占总评30%			占总评60%		
学习活动1									
学习活动2									
学习活动3									
学习活动4									
协作精神									
纪律观念									
表达能力									
工作态度									
学习主动性									
任务总体表现									
小计									
总评									

任课教师：　　　　年　　月　　日

任务拓展

制作燕尾镶配件

一、工作情境描述

某企业需要制作 30 件如图 3-10 所示燕尾镶配件，毛坯为 72 mm×45 mm×10 mm 两块板料，材料为 45 钢。生产技术部将该项生产任务安排给钳工组，工件表面要求光洁、美观，无毛刺。

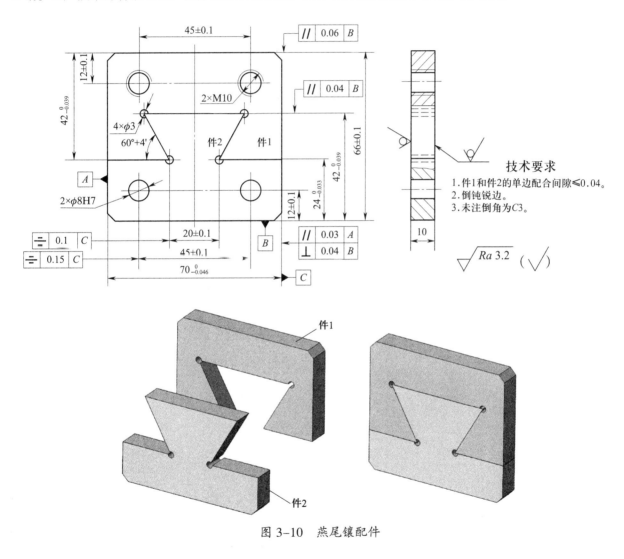

图 3-10　燕尾镶配件

二、评分标准

按表 3-13 中项目和技术要求检测燕尾镶配件是否合格。

表 3-13   燕尾镶配件评分标准

序号	名称	配分	项目和技术要求	评分标准	检测记录	得分
1	主要尺寸（59分）	4×2	（12±0.1）mm（4处）	超差不得分		
2		4×3	$42_{-0.039}^{0}$ mm（4处）	超差不得分		
3		2×3	$70_{-0.046}^{0}$ mm（2处）	超差不得分		
4		4×2	60°±4′（4处）	超差不得分		
5		3	$24_{-0.033}^{0}$ mm	超差不得分		
6		2	（20±0.1）mm	超差不得分		
7		2	（66±0.1）mm	超差不得分		
8		6	配合间隙 ≤ 0.04 mm	超差不得分		
9		2	⫽ 0.06 B	超差不得分		
10		2	⫽ 0.04 B	超差不得分		
11		2	⫽ 0.03 A	超差不得分		
12		2	⊥ 0.04 B	超差不得分		
13		2	⌯ 0.15 C	超差不得分		
14		2	⌯ 0.1 C	超差不得分		
15	次要尺寸（16分）	2×2	（45±0.1）mm（2处）	超差不得分		
16		2×2	M10（2处）	超差不得分		
17		2×2	ϕ8H7（2处）	超差不得分		
18		4×1	ϕ3 mm（4处）	超差不得分		
19	表面粗糙度（10分）	10	Ra3.2 μm（16处）	每处不合格扣1分，扣完为止		
20	主观评分（10分）	5	已加工零件倒角、倒圆、倒钝、去毛刺是否符合图样要求			
21		3	已加工零件是否有划伤、碰伤和夹伤			
22		2	已加工零件与图样要求的一致性以及其余表面粗糙度			

续表

序号	名称	配分	项目和技术要求	评分标准	检测记录	得分
23	更换添加毛坯（5分）	5	是否更换添加毛坯		是 / 否	
24	职业素养	扣分	能正确穿戴工作服、工作鞋、安全帽和护目镜等劳动防护用品。每违反一项扣2分			
25			能规范使用设备、工具、量具和辅具。每违反一次扣2分			
26			能做好设备清洁、保养工作。不清洁、不保养扣3分；清洁保养不彻底扣2分			
	总配分	100			总得分	

125

世赛知识

钳加工在世赛综合机械与自动化项目中的应用

综合机械与自动化项目是指运用机械加工、机械装调、液压与气动、电气安装、PLC 与自动化控制等方面的技术技能，使用普通车床、普通铣床等设备完成自动化装置中零部件的生产加工及机械装配，再通过电气安装、气动控制和 PLC 编程与调试实现机械装置的自动化控制的竞赛项目。

世界技能大赛综合机械与自动化项目采用第三方命题，赛前不公布竞赛试题、材料规格等，比赛共设置铣削加工、车削加工、电气安装及编程、机械装调与自动化演示 4 个模块，赛程为 4 天，累计比赛时间为22 小时。该竞赛项目需要选手具备车工、铣工、装配钳工、电工 4 个工种的技能。

该项目要求选手能熟练掌握常用手工量具的操作技能并掌握机械装配调试相关的操作技能。如图 3-11 所示综合电气控制设备为世赛综合机械与自动化项目比赛试题，该项目对选手的装配钳工技能有较高要求。选手要在规定时间内按照图样要求装配零部件完成一套机械装置，确保各零部件之间的精度要求。完成机械装置与电气控制装置的装配，进行调试并实现综合电气设备的功能。

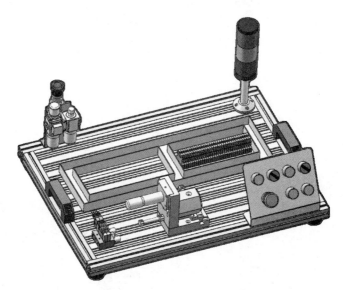

图 3-11　综合电气控制设备

附　　录

附录1　开瓶器的制作学习任务设计方案

专业名称	数控加工	一体化课程名称	简单零件钳加工
学习任务一	开瓶器的制作	授课时数	40
工作情境描述	公司餐厅需要制作开瓶器，数量为30件，毛坯为130 mm×50 mm×2 mm，材料为Q235。生产技术部将该项生产任务安排给钳工组，开瓶器表面要求光洁、美观，无毛刺。		
学习任务描述	学生从教师处领取制作开瓶器的生产任务单，识读开瓶器零件图，查阅相关技术手册及国家标准，阅读开瓶器加工工艺过程卡。准备相关工具、量具、刃具、夹具及辅具，检查设备的完好性，按照工艺和工步，独立进行划线、锯削、錾削、钻削、锉削等操作，完成开瓶器的制作，依据图样进行自检后交付质检人员。在工作过程中，操作者应严格执行安全操作规程、企业质量体系管理制度、6S管理制度等企业管理规定。		
与其他学习任务的关系	该学习任务是简单零件钳加工一体化课程的第一个任务，进行此学习任务是为下一学习任务的完成打下基础。		
学生基础	具有基本的机械图样的识读能力和资料的阅读能力；有一定的安全文明生产习惯、环保管理习惯、6S管理习惯、团队沟通合作意识等。		
学习目标	1. 能在班组长等相关人员指导下，正确阅读生产任务单，读懂开瓶器零件图，明确生产任务和工作要求。 2. 能了解钳工车间和工作区的范围和限制，理解企业在环境、安全、卫生等方面的标准。 3. 能与技术人员、生产主管进行专业沟通，了解钳工常用设备、工具的名称和功能。 4. 能通过查阅钳工相关教材或观看钳工操作录像，了解钳工工作特点和主要工作任务。 5. 能识别钳工工作环境中的各种安全标志的含义，严格遵守安全操作规程，规范穿戴工装和劳动防护用品。 6. 能查阅钳加工工艺知识，确定开瓶器加工流程，编制工件加工工艺卡。 7. 能正确准备加工开瓶器所用工具、量具、刃具、夹具和辅具。 8. 能在板料上划出开瓶器加工界线。 9. 能正确使用台虎钳装夹工件。 10. 能正确使用台式钻床、手锯去除工件余料。 11. 能正确选用锉刀加工不同轮廓。 12. 能规范使用游标卡尺、圆弧样板等量具。 13. 能依据工艺卡完成零件的加工。 14. 能对台虎钳、手锯、锉刀、台式钻床进行维护保养，按现场6S管理的要求清理现场。 15. 能总结工作经验，优化加工策略。 16. 能在作业过程中严格执行企业操作规范、安全生产制度、环保管理制度以及6S管理规定，严格遵守从业人员的职业道德，具有吃苦耐劳、爱岗敬业的工作态度和职业责任感。		

续表

学习内容	1. 生产任务单。 2. 钳工的概念。 3. 钳工的基本操作技能。 4. 钳工常用工具、量具。 5. 钳工安全文明生产要求。 6. 生产过程与工艺过程。 7. 工序的概念与工序的划分。 8. 划线。 9. 锯削。 10. 钻削。 11. 錾削。 12. 锉削。 13. 游标卡尺的应用。
教学条件	1. 教学场地：一体化教室、钳工车间、砂轮房等。 2. 设备：台式钻床、台虎钳、划线平台、多媒体设备等。 3. 工具：划针、划规、划线盘、手锯、麻花钻、扁錾、手锤、锉刀（扁锉、半圆锉、圆锉）。 4. 量具：钢直尺、游标卡尺、半径样板。 5. 劳动防护用品：防护眼镜、工作服、工作帽等。 6. 资料：工作页、生产任务单、零件图、领料单、加工工艺过程卡、技术手册、保养卡、交接班记录、评价表、安全操作规程等。 7. 原材料：板料（Q235）、切削液。
教学组织形式	1. 根据学习任务的活动内容和班级人数，进行小组分工，并确定负责人。 2. 根据情景模拟，教师安排学生扮演角色，从资料室领取相关资料，如生产任务单、加工工艺过程卡、交接班记录等。 3. 根据学习任务活动环节，积极引导学生分析学习任务，明确学习重点和难点。 4. 教师对学习活动中的重点和难点进行分析、操作演示和现场指导，帮助学生掌握。 5. 以情景模拟的形式，教师安排学生扮演角色，严格按照6S管理要求，清扫、整理、维护和保养台式钻床、台虎钳、划线平台等设备。 6. 教师组织学生以小组或个人形式进行分析和总结，并汇报学习成果。
教学流程与活动	1. 接受工作任务（4学时）。 2. 钳加工的认知（4学时）。 3. 确定加工步骤和方法（16学时）。 4. 制作开瓶器并检验（12学时）。 5. 工作总结与评价（4学时）。
评价内容与标准	1. 能正确完成工作页中的问题。 2. 能按国家标准完成开瓶器零件图的绘制。 3. 能在规定时间内，正确使用工具、量具、夹具、刃具，按照开瓶器加工工艺过程卡中的流程完成开瓶器的制作。 4. 能自觉遵守钳工车间安全操作规定、安全生产制度、环保管理制度以及6S管理规定。 5. 能正确进行台式钻床、台虎钳等设备的清洁、保养和维护。 6. 能服从安排，具备从业人员的责任感、团队沟通合作等职业素养。

附录2 开瓶器的制作教学活动策划表

教学活动	关键能力	学生学习活动	教师活动	学习内容	资源	评价点	学时	地点
学习活动1：接受工作任务	资料查阅及阅读能力、分析能力、手工绘图能力	1. 以情景模拟的形式，学生扮演角色领取生产任务单。 2. 阅读生产任务单，明确零件名称、制作材料、零件数量和完成时间。 3. 与班组长等相关人员沟通、了解机械制造的主要职业（工种）及其特点。 4. 分析开瓶器所用用材料的牌号、性能及用途。 5. 分析零件图，明确加工尺寸要求。 6. 自评、小组评价。	1. 生产任务单的准备和发放。 2. 讲解工作任务要求。 3. 布置工作任务。 4. 组织学生扮演角色。 5. 检查学生任务完成情况和成果（包括指导学生回答工作页问题时的表述）。	1. 开瓶器生产任务单 2. 开瓶器零件图 3. 机械制造的主要职业（工种） 4. 开瓶器所用用材料的牌号、性能及用途 5. Q235钢的力学性能 6. 查阅技术手册 7. 开瓶器的结构	1. 工作页 2. 生产任务单 3. 开瓶器零件图 4. 机械制图等资料 5. 互联网	1. 生产任务单 2. 制图知识 3. 手工绘图能力 4. 专业术语表达能力 5. 小组活动 6. 工作页	4	一体化教室
学习活动2：钳加工的认知	资料查阅能力、规范养成意识、安全意识	1. 参观钳工车间，了解企业钳工车间和工作区的范围和限制，了解企业对安全生产事故隐患的预防措施。 2. 观看视频，了解钳工基本操作内容。 3. 识别钳工常用工具。 4. 识别钳工常用量具。 5. 学习企业对钳工安全文明生产的要求。 6. 正确填写工作页。 7. 自评、小组评价。	1. 组织学生参观钳工车间。 2. 引导学生观看视频，了解钳工基本操作内容。 3. 引导学生识别钳工常用工具。 4. 引导学生识别钳工常用量具。 5. 引导学生学习企业对钳工安全文明生产的要求。 6. 指导学生完成工作页填写。 7. 对学生学习环节进行综合评价。	1. 钳工的含义 2. 钳工基本操作内容 3. 钳工常用工具 4. 钳工常用量具 5. 企业对钳工安全文明生产的要求	1. 钳工基本操作视频 2. 钳工常用设备 3. 钳工常用工具和量具 4. 互联网	1. 6S管理规定 2. 钳工基本操作内容的认知 3. 钳工常用工具、量具的识别 4. 钳工安全文明生产的认知 5. 工作页	4	钳工车间

续表

教学活动	关键能力	学生学习活动	教师活动	学习内容	资源	评价点	学时	地点
学习活动3：确定加工工步步骤和方法	独立操作能力、规范意识、养成意识、问题处理能力、统筹规划能力	1. 阅读加工工艺过程卡。 2. 学习划线知识及操作技能。 3. 学习锯削知识及操作技能。 4. 学习钻孔知识及操作技能。 5. 学习錾削知识及操作技能。 6. 学习锉削知识及操作技能。 7. 学习游标卡尺和圆弧样板的应用。 8. 正确完成工作页的填写。 9. 自评、小组评价。	1. 引导学生阅读加工工艺过程卡。 2. 引导学生学习划线知识并示范操作。 3. 引导学生学习锯削知识并示范操作。 4. 引导学生学习钻孔知识并示范操作。 5. 引导学生学习錾削知识并示范操作。 6. 引导学生学习锉削知识并示范操作。 7. 讲解并示范游标卡尺和半径样板的应用。 8. 指导学生完成工作页的填写。 9. 对学生学习环节进行综合评价。	1. 加工工艺过程卡 2. 划线操作 3. 锯削操作 4. 钻孔操作 5. 錾削操作 6. 锉削操作 7. 游标卡尺及半径样板的应用 8. 工作页 9. 图形打印设置	1. 开瓶器加工工艺过程卡 2. 钳工工艺与技能训练教材 3. 钳工基本技能操作视频 4. 互联网	1. 加工工艺过程卡的识读 2. 划线操作 3. 钻孔操作 4. 锯削操作 5. 锉削操作 6. 长度与半径的测量	16	钳工车间
学习活动4：制作开瓶器并检验	分析问题与解决问题能力	1. 做好开瓶器加工前的准备工作。 2. 加工开瓶器。 3. 检测开瓶器。 4. 清理现场，归置物品。	1. 组织学生做好加工前的准备工作。 2. 现场指导学生加工开瓶器。 3. 现场指导学生检测开瓶器。 4. 指导学生清理现场，归置物品。	1. 工具、量具、刃具清单 2. 开瓶器加工工艺过程卡 3. 开瓶器质量检测表	1. 开瓶器零件图 2. 工作页	1. 开瓶器产品 2. 开瓶器质量检测表 3. 工作页	12	钳工车间
学习活动5：工作总结与评价	总结、表达能力	1. 现场展示学习成果并总结。 2. 现场讨论、点评开瓶器的优缺点。 3. 自评、小组评价。 4. 正确完成工作页的填写。	1. 指导学生总结、表述学习成果。 2. 对学生学习环节进行综合评价。 3. 指导学生完成工作页的填写。	1. 自我总结 2. 表述方法	工作页	1. 总结 2. 表达方法 3. 工作页	4	一体化教室

附录3 錾口手锤的制作学习任务设计方案

专业名称	数控加工	一体化课程名称	简单零件钳加工
学习任务二	錾口手锤的制作	授课时数	40

工作情境描述	某企业装配线上由于特殊的装配需要，需定制30件錾口手锤，毛坯为 $\phi30mm\times90\ mm$ 棒料，材料为45钢。手锤由凹凸圆弧面、锥体、长方体、倒角和螺纹孔等要素组成，加工时应控制轮廓精度为IT12，表面粗糙度为 $Ra3.2\ \mu m$，尺寸精度为IT8～IT10，加工过程中应保证螺纹孔的位置精度。生产主管计划由钳工组完成加工任务。
学习任务描述	学生从教师处领取制作錾口手锤的生产任务单，识读錾口手锤零件图，查阅相关技术手册及国家标准，阅读錾口手锤加工工艺过程卡。准备相关工具、量具、刃具、夹具及辅具，检查设备的完好性，按照工艺和工步，独立进行划线、锯削、锉削、钻削、攻螺纹及热处理等操作，完成錾口手锤的制作，依据图样进行自检后交付质检人员。在工作过程中，操作者应严格执行安全操作规程、企业质量体系管理制度、6S管理制度等企业管理规定。
与其他学习任务的关系	在学习任务一的基础上，学习简单零件钳加工一体化课程的第二个任务，为下一学习任务的完成打下基础。
学生基础	具有基本的机械图样的识读能力和资料的阅读能力；对钳工具有一定的认知并掌握其基本操作，能进行划线、钻孔、錾削、锯削、锉削等；具有安全文明生产习惯、环保管理习惯、6S管理习惯、团队沟通合作意识等。
学习目标	1. 能在班组长等相关人员指导下，正确阅读生产任务单，明确生产任务和工作要求。 2. 能借助技术手册，查阅錾口手锤的材料牌号、制图、热处理和几何公差等知识，理解技术手册在生产中的重要性。 3. 能识读錾口手锤的零件图，描述錾口手锤的形状、尺寸、表面粗糙度、公差、材料等信息，指出各信息的意义。 4. 能正确识读錾口手锤工艺过程卡，明确加工步骤和方法。 5. 能根据錾口手锤工艺过程卡绘制工序简图。 6. 能正确设计锯、锉长方体的加工步骤。 7. 能正确选择錾口手锤头部余量的去除方法。 8. 能识别錾口手锤上的螺纹种类，正确选择内螺纹加工方法。 9. 能正确掌握攻螺纹的操作方法。 10. 能了解钢的常用整体热处理方法及目的。 11. 能了解钳工车间和工作区的范围和限制，了解企业在车间环境、安全、卫生和事故预防方面的措施。 12. 能检查工作区、设备、工具和材料的状况和功能。 13. 能根据錾口手锤的加工工艺，完成錾口手锤的制作。 14. 能应用外径千分尺、刀口尺、直角尺等量具检测工件的尺寸精度和几何精度。 15. 能对台虎钳、手锯、锉刀、台式钻床进行维护保养，按现场6S管理的要求清理现场。 16. 能总结工作经验，优化加工策略。 17. 能在作业过程中严格执行企业操作规范、安全生产制度、环保管理制度以及6S管理规定，严格遵守从业人员的职业道德，具有吃苦耐劳、爱岗敬业的工作态度和职业责任感。 18. 能与班组长、工具管理员等相关人员进行有效的沟通与合作，了解有效沟通和团队合作的重要性。

续表

学习内容	1. 生产任务单。 2. 45 钢的牌号、用途及性能。 3. 錾口手锤零件图。 4. 錾口手锤加工工艺过程卡。 5. 基准的选择。 6. 平面锉削。 7. 圆弧面锉削。 8. 攻螺纹。 9. 热处理。 10. 千分尺的应用。 11. 几何公差的检测。
教学条件	1. 教学场地：一体化教室、钳工车间、砂轮房等。 2. 设备：台式钻床、台虎钳、划线平台、多媒体设备等。 3. 工具：划针、划规、划线盘、手锯、麻花钻、丝锥、铰杠、扁錾、手锤、锉刀（扁锉、半圆锉、圆锉）。 4. 量具：钢直尺、游标卡尺、千分尺、刀口尺、直角尺、表面粗糙度比较样块等。 5. 劳动防护用品：防护眼镜、工作服、工作帽等。 6. 资料：工作页、生产任务单、零件图、领料单、加工工艺过程卡、技术手册、保养卡、交接班记录、评价表、安全操作规程等。 7. 原材料：棒料（45 钢）、切削液。
教学组织形式	1. 根据学习任务的活动内容和班级人数，进行小组分工，并确定负责人。 2. 根据情景模拟，教师安排学生扮演角色，从资料室领取相关资料，如生产任务单、加工工艺过程卡、交接班记录等。 3. 根据学习任务活动环节，积极引导学生分析学习任务，明确学习重点和难点。 4. 教师对学习活动中的重点和难点进行分析、操作演示和现场指导，帮助学生掌握。 5. 以情景模拟的形式，教师安排学生扮演角色，严格按照 6S 管理要求，清扫、整理、维护和保养台式钻床、台虎钳、划线平台等设备。 6. 教师组织学生以小组或个人形式进行分析和总结，并汇报学习成果。
教学流程与活动	1. 接受工作任务（4 学时）。 2. 确定加工步骤和方法（14 学时）。 3. 制作錾口手锤并检验（18 学时）。 4. 工作总结与评价（4 学时）。
评价内容与标准	1. 能正确完成工作页中的问题。 2. 能按国家标准完成錾口手锤零件图的绘制。 3. 能在规定时间内，正确使用工具、量具、夹具、刀具，按照錾口手锤加工工艺过程卡中的流程完成錾口手锤的制作。 4. 能自觉遵守钳工车间安全操作规定、安全生产制度、环保管理制度以及 6S 管理规定。 5. 能正确进行台式钻床、台虎钳等设备的清洁、保养和维护。 6. 能服从安排，具备从业人员的责任感、团队沟通合作等职业素养。

附录4　錾口手锤的制作教学活动策划表

教学活动	关键能力	学生学习活动	教师活动	学习内容	资源	评价点	学时	地点
学习活动1：接受工作任务	资料查阅及阅读能力、分析能力、空间想象能力、手工绘图能力	1. 以情景模拟的形式，学生扮演角色领取生产任务单。 2. 阅读生产任务单，明确零件名称、制作材料、零件数量和完成时间。 3. 与班组长等相关人员沟通、掌握錾口手锤所用材料的牌号、性能及用途。 4. 分析零件图，明确加工尺寸要求。 5. 绘制錾口手锤零件图。 6. 自评、小组评价。	1. 生产任务单的准备和发放。 2. 讲解工作任务要求。 3. 布置工作任务。 4. 组织学生扮演角色。 5. 检查学生任务完成情况和成果（包括学生回答工作页问题时的表述）。	1. 錾口手锤生产任务单 2. 錾口手锤零件图 3. 45钢的牌号、性能及用途 4. 查阅技术手册	1. 工作页 2. 生产任务单 3. 錾口手锤零件图 4. 机械制图等资料 5. 互联网	1. 生产任务单 2. 制图知识 3. 手工绘图能力 4. 专业术语表达方法 5. 小组活动 6. 工作页	4	一体化教室
学习活动2：确定加工步骤和方法	资料查阅能力、协调能力、安全意识、统筹规划能力	1. 阅读加工工艺过程卡。 2. 绘制工序简图。 3. 设计锯、锉加工步骤。 4. 设计长方体的精锉顺序。 5. 选择錾口手锤头部余量的去除方法。 6. 识别螺纹的种类，选择内螺纹加工工具。	1. 引导学生阅读加工工艺过程卡。 2. 引导学生绘制工序简图。 3. 引导学生学习平面锉削操作要领。 4. 引导学生学习内螺纹加工方法，并示范攻螺纹操作步骤。 5. 引导学生了解钢的常用整体热处理方法及目的。	1. 加工工艺过程卡 2. 划线及基本操作 3. 长方体的加工 4. 攻螺纹及其操作	1. 錾口手锤加工工艺过程卡 2. 钳工工艺与技能训练教材	1. 加工工艺过程卡的识读 2. 四方体加工步骤的设计 3. M8内螺纹	14	钳工车间

续表

教学活动	关键能力	学生学习活动	教师活动	学习内容	资源	评价点	学时	地点
学习活动2：确定加工步骤和方法	资料查阅能力、协调能力、安全意识、统筹规划能力	7. 识别丝锥的标记符号。8. 学习攻螺纹的操作方法。9. 了解钢的常用整体热处理方法及目的。10. 应用于分尺、刀口尺等量具检测工件的尺寸精度、几何精度和表面粗糙度。11. 正确完成工作页的填写。	6. 示范并讲解应用外径千分尺、刀口尺、直角尺等量具检测工件的尺寸精度和几何精度。7. 指导学生完成工作页。8. 对学生学习环节进行综合评价。	5. 热处理及其操作 6. 几何精度的检测 7. 工作页	3. 钳工基本技能操作视频 4. 互联网	4. 鉴口手锤 5. 几何精度 6. 表面粗糙度	14	钳工车间
学习活动3：制作鉴口手锤并检验	独立操作能力、规范意识、养成意识、问题处理能力	1. 做好鉴口手锤加工前的准备工作。2. 加工鉴口手锤。3. 检测鉴口手锤。4. 清理现场，归置物品。	1. 组织学生做好加工前的准备工作。2. 现场指导学生加工鉴口手锤。3. 现场指导学生检测鉴口手锤。4. 指导学生清理现场，归置物品。	1. 工具、量具、刃具清单 2. 鉴口手锤加工工艺过程卡 3. 鉴口手锤质量检测表	1. 鉴口手锤零件图 2. 工作页	1. 鉴口手锤产品 2. 鉴口手锤质量检测表 3. 工作页	18	钳工车间
学习活动4：工作总结与评价	总结、表达能力	1. 现场展示学习成果并总结。2. 现场讨论、点评鉴口手锤的优缺点。3. 自评、小组评价。4. 正确完成工作页的填写。	1. 指导学生总结、表述学习成果。2. 对学生学习环节进行综合评价。3. 指导学生完成工作页的填写。	1. 自我总结 2. 表达方法	工作页	1. 总结 2. 表达方法 3. 工作页	4	一体化教室

附录5　对开夹板的制作学习任务设计方案

专业名称	数控加工	一体化课程名称	简单零件钳加工
学习任务三	对开夹板的制作	授课时数	40
工作情境描述	某公司接到一批零件加工订单，加工过程中需要用对开夹板进行零件装夹。公司将对开夹板的制作任务交给钳工组来完成，要求按图样要求完成30副对开夹板的制作，加工对开夹板所需材料由公司提供，加工完成后经检验合格，交付公司使用。		
学习任务描述	学生从教师处领取制作对开夹板的生产任务单，识读对开夹板零件图，查阅相关技术手册及国家标准，分析并制定对开夹板加工工艺。准备相关工具、量具、刃具、夹具及辅具，按照工艺和工步，独立进行划线、锯削、锉削、钻孔、铰孔、攻螺纹及配作等操作，完成对开夹板的制作，依据图样进行自检后交付质检人员。在工作过程中，操作者应严格执行安全操作规程、企业质量体系管理制度、6S管理制度等企业管理规定。		
与其他学习任务的关系	在学习任务一、学习任务二的基础上，学习简单零件钳加工一体化课程的第三个任务，为接下来钳加工的学习打下基础。		
学生基础	具有基本的机械图样的识读能力和资料的阅读能力；对钳工具有一定的认知并掌握其基本操作，能进行划线、钻孔、錾削、锯削、锉削、刃磨麻花钻、攻螺纹等基本操作；具有安全文明生产习惯、环保管理习惯、6S管理习惯、团队沟通合作意识等。		
学习目标	1. 能在班组长等相关人员指导下，正确阅读生产任务单，读懂对开夹板零件图和装配图，明确生产任务和工作要求。 2. 能以小组合作的方式编制对开夹板的加工工艺。 3. 能展示工艺方案，阐述加工工艺确定的理由与依据。 4. 能充分听取他人意见或建议，完善或改进工艺方案。 5. 能了解砂轮机工作区的范围和限制，理解企业在环境、安全、卫生方面的标准。 6. 能借助技术手册，查阅麻花钻切削角度的参数值，正确完成麻花钻切削部分的刃磨。 7. 能选择合适的检测工具，测量并判断麻花钻切削角度的合理性。 8. 能查阅技术手册，确定沉孔加工前的底孔直径。 9. 能合理调整钻床切削参数，并完成沉孔的加工。 10. 能根据螺栓规格选用丝锥并加工螺纹孔。 11. 能使用游标万能角度尺检测零件角度，并判断角度误差。 12. 能选用合适的工具，并根据装配图要求正确装配对开夹板。 13. 能与班组长等相关人员进行有效的沟通与合作，主动获取有效信息，展示工作成果。 14. 能对台虎钳、手锯、锉刀、台式钻床等进行维护保养，按现场6S管理的要求清理现场。 15. 能总结工作经验，优化加工策略。 16. 能在工作过程中严格执行企业操作规范、安全生产制度、环保管理制度以及6S管理等规定，严格遵守从业人员的职业道德，具有吃苦耐劳、爱岗敬业的工作态度和职业责任感。		

学习内容	1. 生产任务单、对开夹板零件图、公差与极限配合、金属材料与热处理、技术手册。 2. 三视图及其投影规律。 3. 斜视图。 4. 基准符号。 5. 几何公差。 6. 手工锯削。 7. 平面锉削。 8. 麻花钻的刃磨。 9. 六角螺栓规格的选用。 10. 锪钻的使用。 11. 攻螺纹。 12. 热处理。 13. 千分尺、游标万能角度尺的使用。 14. 几何公差的检测。
教学条件	1. 教学场地：一体化教室、钳工车间、砂轮房等。 2. 设备：台式钻床、台虎钳、划线平台、多媒体设备等。 3. 工具：划针、划规、划线盘、手锯、麻花钻、丝锥、铰杠、手锤、锉刀（扁锉、半圆锉、圆锉）。 4. 量具：钢直尺、游标卡尺、千分尺、游标万能角度尺、刀口尺、直角尺、表面粗糙度比较样块等。 5. 劳动防护用品：防护眼镜、工作服、工作帽等。 6. 资料：工作页、生产任务单、零件图、领料单、加工工艺过程卡、技术手册、保养卡、交接班记录、评价表、安全操作规程等。 7. 原材料：板料（45钢）、切削液。
教学组织形式	1. 根据学习任务的活动内容和班级人数，进行小组分工，并确定负责人。 2. 根据情景模拟，教师安排学生扮演角色，从资料室领取相关资料，如生产任务单、加工工艺过程卡、交接班记录等。 3. 根据学习任务活动环节，积极引导学生分析学习任务，明确学习重点和难点。 4. 教师对学习活动中的重点和难点进行分析、操作演示和现场指导，帮助学生掌握。 5. 以情景模拟的形式，教师安排学生扮演角色，严格按照6S管理要求，清扫、整理、维护和保养台式钻床、台虎钳、划线平台等设备。 6. 教师组织学生以小组或个人形式进行分析和总结，汇报学习成果。
教学流程与活动	1. 接受工作任务（4学时）。 2. 确定加工步骤和方法（12学时）。 3. 制作对开夹板并检验（20学时）。 4. 工作总结与评价（4学时）。
评价内容与标准	1. 能正确完成工作页中的问题。 2. 能在规定时间内，正确使用工具、量具、夹具、刃具，按照对开夹板加工工艺过程卡中的流程完成对开夹板的制作。 3. 能自觉遵守钳工车间安全操作规定、安全生产制度、环保管理制度以及6S管理规定。 4. 能正确进行台式钻床、台虎钳等设备的清洁、保养和维护。 5. 能服从安排，具备从业人员的责任感、团队沟通合作等职业素养。

附录 6 对开夹板的制作教学活动策划表

教学活动	关键能力	学生学习活动	教师活动	学习内容	资源	评价点	学时	地点
学习活动1：接受工作任务	资料查阅及阅读能力、分析能力、手工绘图能力	1. 以情景模拟的形式，学生扮演角色领取生产任务单。 2. 阅读生产任务单，明确零件名称、制作材料、零件数量和完成时间。 3. 与班组长等相关人员沟通，掌握对开夹板所用材料的牌号、性能及用途。 4. 分析零件图，明确加工尺寸要求。 5. 绘制对开夹板零件图。 6. 自评、小组评价。	1. 生产任务单的准备和发放。 2. 讲解工作任务要求。 3. 布置工作任务。 4. 组织学生扮演角色。 5. 检查学生任务完成情况和成果（包括指导学生在回答工作页问题时的表述）。	1. 对开夹板生产任务单 2. 对开夹板零件图 3. 45钢的牌号、性能及用途 4. 查阅技术手册	1. 工作页 2. 生产任务单 3. 对开夹板零件图 4. 机械制图等资料 5. 互联网	1. 生产任务单 2. 制图知识 3. 手工绘图能力 4. 专业术语表达方法 5. 小组活动 6. 工作页	4	一体化教室
学习活动2：确定加工步骤和方法	资料查阅能力、工艺编制能力、统筹规划能力、安全意识	1. 阅读加工工艺过程卡。 2. 绘制工序简图。 3. 设计锯、锉夹板A和夹板B的加工步骤。 4. 设计夹板的精錾锉顺序。 5. 选择夹板端部余量的去除方法。 6. 识别夹板上M8螺纹的种类、选择内螺纹加工工具。 7. 识别丝锥的标记符号。	1. 引导学生阅读加工工艺过程卡。 2. 引导学生绘制工序简图。 3. 引导学生学习平面锉削操作要领。 4. 引导学生学习内螺纹的加工方法，并示范攻螺纹步骤。 5. 引导学生学习孔加工方法，并示范钻孔操作步骤。 6. 引导学生了解钢的常用整体热处理方法及目的。	1. 加工工艺过程卡 2. 划线及基本操作 3. 夹板的加工 4. 螺纹孔的加工 5. 孔加工方法	1. 对开夹板加工工艺过程卡 2. 钳工工艺与技能训练教材	1. 加工工艺过程卡的识读 2. 对开夹板的加工设计 3. M8内螺纹 4. 通孔及沉头孔	12	钳工车间

续表

教学活动	关键能力	学生学习活动	教师活动	学习内容	资源	评价点	学时	地点
学习活动2：确定加工步骤和方法	资料查阅能力、工艺编制能力、统筹规划能力、安全意识	8.学习攻螺纹的操作方法。9.选择麻花钻尺寸，学习钻孔的操作方法。10.了解钢的常用整体热处理方法及目的。11.应用千分尺、刀口尺等量具检测工作的尺寸精度、几何公差和表面粗糙度。12.正确完成工作页的填写。	7.示范应用千分尺、刀口尺、直角尺等量具检测工作的尺寸精度、几何公差和表面粗糙度的操作。8.指导学生完成工作页的填写。9.对学生学习环节进行综合评价。	6.热处理方法及操作 7.几何公差的检测 8.工作页	3.钳工基本技能操作视频 4.互联网	5.对开夹板 6.几何公差 7.表面粗糙度	12	钳工车间
学习活动3：制作对开夹板并检验	独立操作能力、规范养成意识、问题处理能力	1.做好对开夹板加工前的准备工作。2.加工对开夹板。3.检测对开夹板。4.清理现场，归置物品。	1.组织学生做好加工前的准备工作。2.现场指导学生加工对开夹板。3.现场指导学生检测对开夹板。4.指导学生清理现场，归置物品。	1.工具、量具、刀具清单 2.对开夹板加工工艺过程卡 3.对开夹板质量检测表	1.对开夹板零件图 2.工作页	1.对开夹板产品 2.对开夹板质量检测表 3.工作页	20	钳工车间
学习活动4：工作总结与评价	总结、表达能力	1.现场展示学习成果并总结。2.现场讨论，点评对开夹板的优缺点。3.自评、小组评价。4.正确完成工作页的填写。	1.指导学生总结、表述学习成果。2.对学生学习环节进行综合评价。3.指导学生完成工作页填写。	1.自我总结 2.表达方法	工作页	1.总结表达方法 2.工作页	4	一体化教室